我在紐約當農夫

全球最大的屋頂農場
如何創造獲利模式，改變在地飲食

THE FARM ON THE ROOF

WHAT BROOKLYN GRANGE TAUGHT US ABOUT ENTREPRENEURSHIP, COMMUNITY, AND GROWING A SUSTAINABLE BUSINESS

Anastasia Cole Plakias

安娜斯塔西亞・普拉基斯——著　甘錫安、溫澤元——譯

目錄

目錄

前言

天空是唯一的出路

二〇〇八年的紐約一片繁華昇平：經濟起飛、犯罪率下降，空氣中瀰漫著宛如紐約是全世界最佳城市、現在是史上最佳時代的氣息。前一年還很髒亂的時代廣場變成樂園；曾經破敗的布魯克林區改頭換面，成爲創意聖地；路邊咖啡座滿是潮男潮女，喝著三美元的拿鐵咖啡；遊客在景點進進出出，向路邊攤販購買紀念品。有些人抱怨這個城市不夠強大，但卻沒人想過，現在他們能在深夜搭地鐵回家，毫無掛慮地戴著iPhone耳機，不需要擔心自己的安全。

但當年九月一切都變樣了。次級房貸危機、金融風暴，以及汽車業受挫導致經濟衰退，報紙以頭條新聞警告第二次經濟大蕭條即將到來。紐約是美國第二大區域經濟體，當然受創極大。其實狀況沒那麼慘。紐約不是底特律，相比之下還算繁榮，不過改變已經相當明顯。前十年蔚成風潮的消費主義，現在看來虛偽得令人尷尬。

莎拉．裴琳（Sarah Palin）女士在電視上告訴小鎮居民，華爾街企業任用親信的亂象。此時，一位黑人以「改變」爲宣言正在競選總統，他要讓年輕選民相信自己有影響國家的能力。美國正站在十字路口。一方面，我們的安全感已經破滅，自認是全球最強國家的一切要素，都只是握有權勢的少數人長期構築的騙局。另一方面，這個事實逐漸浮現時，也帶來新時代的希望。當選民以近四十年最高的投票率走進投票所時，有一件事愈來愈清楚：美國相信希望。

在這樣的大環境下，我和幾位布魯克林年輕人創辦全世界第一座商業空中農場：布魯克林農場。我們每人都在數十年來最嚴重的經濟衰退期離開前景看好的工作，投入完全不確定的事情。我們並非對都市農耕有疑慮。早在我們建立農場前，都市農耕已經存在。儘管以往沒人嘗試這類規模的屋頂耕作，但傳說從巴比倫空中花園開始，人類已經成功地在屋頂栽種植物。不過我們打算採取不同的方式，不只耕作還要創辦小型農場公司，不但能自給自足還必須和其他公司一樣獲利、永續經營。農業是難以掌握、易受影響、收益又不佳的產業，再加上我們投入時經濟環境低迷，成功絕非一蹴可幾。

即使我們現在經營不錯，但經營這種事業不可能成爲有錢人，夏天也沒辦法坐在涼快的門廊喝檸檬水，然而以我們的方式經營農場相當重要。有創業精神的首席農民及總裁班・弗蘭納（Ben Flanner）帶領下，我、葛溫・山茲（Gwen Schantz）、布魯克林的羅貝塔披薩屋老闆，以及後來加入的夥伴柴斯・伊蒙斯（Chase Emmons），決定經營在屋頂種植蔬菜的營利事業，因爲想證明這是値得做的事。希望藉由經營這個營利事業向世界證明，都市農耕在農業和財務兩方面都能永續經營，投資這個事業有助於改變城市地景。

我們知道，以往沒人做這件事是因爲有重重理由。農業必須有一定規模才能獲利，而都市的土地稀少又昂貴。雖然屋頂空間比一般空地便宜，但建造成本較高。此外，我們決定創立能永續經營的事業，所以著重的不只是數字，還必須奉行三重基線

（triple bottom line）的精神。學者約翰．艾金頓（John Elkington）提出三重基線架構，以三個P（人、地球和獲利）的績效來評估企業的表現。如果一家公司靠劫掠生態系統的資源獲得收益，那麼地球將爲此付出代價。如果有另一家公司在獲利時不會傷害生態，但爲了做到這點而必須資遣一大群員工，則這群被資遣的人爲環境的助益付出代價。因此最重要的是，在獲利時產生自然和人力資本，讓大家都是贏家。

我們不僅藉由屋頂農場創造財務報酬，也創造社會和生態報酬。一開始我們顯得有點不自量力，即使現在也還有很長的路要走，很多難關要克服，才能達成心目中的目標。我們在旗艦農場鋪下第一片綠化屋頂五年後，現在農場已經擴大到布魯克林區和皇后區兩棟大樓的屋頂，總面積二．五英畝、管理三十多個蜂箱，並爲合作機構和私人客戶建造都市綠色空間。我們透過兩次群衆募資，共募得一百多萬美元，並成立有十一位全職人員和合作機構的網絡，協助人們把屋頂變成學習實驗室，以及爲學生、移民，和其他紐約人提供臨時住所。

撰寫本書時，我們討論過一陣子，但還不確定要寫怎樣的書。坊間探討永續農耕的書籍很多，教導我們耕作技巧的前輩，例如艾略特・柯爾曼（Eliot Coleman），比我們更懂得說明種植方法。理查・韋斯瓦爾（Richard Wiswall）的《有機農民事業手冊》（*The Organic Farmer's Business Handbook*）探討會計的重要性，協助農民獲利。羅倫・曼德爾（Lauren Mandel）的《吃光光：了解屋頂農業》（*Eat Up: The Inside Scoop on Rooftop Agriculture*）深入探討各種綠色屋頂配置和裝設方法。我們的朋友、也是紐約的同業安妮・諾瓦克（Annie Novak）最近寫一本很棒的入門書《屋頂耕種指南：如何把屋頂變成菜園或農場》（*The Rooftop Growing Guide: How to Transform Your Roof into a Vegetable Garden or Farm*）。我們何必再寫一本同類書呢？

編輯建議寫一本商業書，起初我們感到懷疑。畢竟我們入行沒幾年，只有十一位全職員工。我們經營第四年，直到二〇一四年底才開始發放紅利。很多人比我們更適合撰寫創辦企業的書籍。不過最後我們發現，眞正想寫的是關於公司的事，關於努力達成心中渴求的三重基線的故事。我們認爲，跟許多數位軟體公司創設一星期就賺一百萬美元的故事相較，我們花費好幾個月規劃、建造及啟用這座農場，過程中親力親

爲的故事將有助於實體公司的經營者。

我們認爲，幾年後自己依然在這條路上努力，這一點就值得大書特書。只要能讓一位讀者相信，創辦爲社區服務的小公司是值得做的事，寫這本書就有意義了。

開始寫書之前，也是布魯克林農場成立之前，我們只是幾個想尋找自己的定位和目標的一般人。但布魯克林農場並非因我們的存在困境，或是離開許多人夢寐以求工作的罪惡感而產生。沒錯，我們確實渴望有支配感，但並不天眞。當我們互相認識、擬定布魯克林農場計畫時，沒有帶著不切實際的幻想。我們知道這是很大的冒險，要努力才能成功，而且將面臨很大的挑戰。我們看著科技界朋友開發行動裝置上的虛擬農場APP，賺進幾百萬美元，但我們決定投入眞磚眞瓦的農場，而且知道投資絕不可能快速回收。沒錯，當初我們完全不知道在屋頂上經營農場是否能成功，但我們願意試一試。

第一章

志同道合與信念的十字路口

——我們為何拋開穩定的工作，冒險追逐夢想

當紐約處於不確定的未來時，一位來自威斯康辛州的年輕人弗蘭納也對自己的未來感到茫然。他取得工程學士學位之後，搬到美國東岸從事商業顧問，這個工作的收入讓他擁有大多數人到紐約都想追求的生活：一棟位於最時尚的下東城房子、每年出遠門旅行，有多餘的錢可經常光顧樓下的雞尾酒吧。

但他的工作頗具挑戰性，每星期都很忙碌。弗蘭納是顧問公司的分析人員，負責找出最能讓公司獲利的業務。他會找出部門效率不彰之處，指出如何處理虧損漏洞，而不影響品牌識別或品牌誠信，有時會刪去數百萬美元預算。弗蘭納經常接觸新公司和新產品，了解各種商業問題、消費趨勢，以及因應策略。

弗蘭納進入這家公司剛滿一年，某天被指派負責某知名紅酒品牌的團隊。他跟幾位同事飛到澳洲，乘飛機越過數千英畝的葡萄園，最後到達田野旁育種大樓的臨時辦公室，研究如何提高紅酒的利潤。弗蘭納把資料輸入Excel統計，每天工作十六小時。有一天中午當太陽升到最高點時，農夫從葡萄園走進屋裡吃午餐。原本寂靜只有細小鑰匙聲的育種大樓，頓時充滿生氣。農夫帶來泥巴、汗水、葡萄味、笑聲，以及食物被人偷咬一口的喊叫聲。弗蘭納一邊沉思一邊旁觀他們，發現自己很渴望這種志同道合的感情。他說不上來是什麼原因嫉妒這些澳洲農夫，但他的確有點嫉妒，有種坐立不安的感覺開始糾纏他。

弗蘭納知道顧問工作無法帶來快樂。每天工作十六小時很累人，壓力也很大，但他知道自己很幸運才能擁有這些機會。在紐約有幾百萬人努力求溫飽，但當一群人擠進車廂時，經濟優勢者就無法忽視衆多的弱勢者。弗蘭納慶幸自己的工作能讓他學習有價值、有市場的技能，但他是個謙虛的人，覺得自己還有許多東西要學習。他也捨不得放棄自己爲成功事業所做的努力。他不快樂也不想大幅改變工作，因此到澳洲幾星期後獲得一家數位管理公司行銷部門的工作機會，就接受了這個職位。新的辦公室很棒，看來似乎可以解決上一個工作使他不快樂的問題：工作時間沒那麼長、團隊工作氣氛比較濃，工作也沒那麼孤單。然而經濟環境不佳時，辦公室瀰漫一股不安感。每人彷佛都不再喜歡自己的工作，但都覺得自己幸運地還有工作。

然而，樂觀的弗蘭納仍然盡力扭轉惡劣的環境。每月的某個星期五，他會推著裝滿材料的推車在辦公室遊走，做酪梨醬請同事享用。另外幾個星期五，他會打上蝴蝶領結走來走去，提供客制化冰淇淋麥根沙士。他請同事到他的小隔間喝咖啡，用法式濾壓壺泡咖啡，還偷偷在辦公桌抽屜裡做堆肥，因爲他提議全公司製作堆肥的計畫被打回票（他離職時忘了清理這個堆肥抽屜，幾個月後新人到職時才發現）。

有一天，弗蘭納的老闆找他到辦公室。

老闆提醒他：「你明天工作時或許可以戴耳機。你應該沒事，但有很多人會被資遣，有些事你可能不想聽到。」

此後上班變得很無趣。

接著幾星期，他的同事少了一五%。留下來的同事開始彼此競爭。換工作也沒什麼幫助。弗蘭納的生活大多是資料而不是人，工作時也只用到大腦。在有空調的辦公室裡打字時，他擺在鍵盤上的手常會發冷，這種感覺讓他有些不安，彷彿身體是沒有生命的儀器。弗蘭納發現自己開始計算這一天還有幾分鐘才結束，他什麼時候才能擠進尖峰時間的電車，回家做自己興趣的事：做辣醬和苦啤酒，以及在廚房裡醃肉。

弗蘭納已經厭倦為優渥的生活而工作，他希望做有興趣的工作。他在澳洲葡萄園看到農夫快樂工作，他知道自己必須做能讓身體和心靈合一、讓自己參與周遭世界的工作才會快樂，而不是坐在與外界隔絕的小隔間裡。他的思緒愈來愈常轉到那些葡萄農夫身上。他開始每星期到聯合廣場的農夫市集，而且待得愈來愈久。他問攤商挑選蔬菜的祕訣時，覺得自己沉浸在他們的世界裡。他喜歡農作的踏實感，還領略農作可以整合各種思維能力，例如依據風味和耐受性選擇最佳作物，設計效率更高的種植方式。農作最吸引他的是：從業者是人，服務對象也是人。

弗蘭納在二〇〇八年夏天做了決定，要在第二年春天辭職，不管採取何種方式都要當農夫。到加州聖巴巴拉參加行銷會議時，他偷偷離開數不盡的PowerPoint簡報會議，去造訪附近的農場。他回家後打電話請病假，當天又跑去當地農場。他申請加州大學聖克魯茲分校的農業生態學課程，即使被拒絕了也沒有絲毫猶豫。他開始上網訂購農耕書籍，在通勤的電車上仔細研讀，並在書上寫筆記，還把要重新閱讀的頁面折起來。

有一天他翻閱《紐約》雜誌，一張照片映入眼簾。起先他以爲那是一片野花，但定睛一看才發現照片的田園風景宛如接近天際線，被四周磚造煙囪和木造水塔環繞。照片裡的景緻不是市區後院或都市公園，而是在屋頂上。這張照片是對克里斯（Chris）和莉莎·古德（Lisa Goode）的專題報導。這對夫妻自己建造屋頂花園，在裡面飼養雞和蜜蜂，後來還成立綠化屋頂公司。弗蘭納受到激勵，躍躍欲試。他想到只要把現有模式（也就是綠化屋頂）和他在閒暇時研讀的密集農耕方法結合起來，就有機會在紐約建造農場，他就有機會務農了！

除了胸懷大志和對食物與農耕的熱情，弗蘭納也是很有系統邏輯思維的人。工程學訓練讓他了解萬物如何運作、在哪些狀況無法運作，以及如何讓萬物運作更有效率。譬如屋頂農耕，他就看到兩個系統可以相互滿足。例如，農業必須面對配銷問題：不論耕作時使用的化石燃料減少到什麼程度，種出來的蔬菜仍然必須運送到消費者手上，而在可預見的未來，運送仍然需要消耗化石燃料。另一方面，都市人缺乏綠地，但經費拮据的市政府連建設綠地供公眾使用都很困難，維護更不用提了。都市農業能以共生方式同時處理這兩個問題（及其他問題），減少運送食物所需的能源，同時爲都市居民提供可用的綠地。弗蘭納毫不遲疑，當天就打電話給古德夫婦。

紐約最棒的一點就是在這個八百萬人的城市，你往往有運氣在最需要的時刻認識最需要的人。克里斯就是在這樣時刻出現的人。弗蘭納向克里斯表示要把屋頂變成產量豐富的菜園，克里斯聽後並沒笑他痴人說夢，他說：「對，我也想做這件事。你擬定農場計畫，我們保持聯絡。我有個不錯的地點。」

紐約還有個特色，這裡的人似乎是全世界最忙碌的人。弗蘭納多次發電子郵件給古德夫婦，但隔了好幾星期都沒有回音。不過弗蘭納沒有放棄計畫，而且決心更加堅定。冬天來了，弗蘭納打算在春天離職的日子逐漸接近，他開始蹺班。他家樓下那間酒吧的調酒師都知道他迷上農場，他跟朋友聊的也只有這件事。他在農夫市場逛來逛去，向攤商詢問農業問題。有一位攤商介紹他認識另一位農民安妮・諾瓦克。弗蘭納向她提出許多問題：應該造訪哪些農場？應該看哪些書？她問弗蘭納爲何那麼有興趣，弗蘭納向她說明了自己的計畫，此時諾瓦克毫不猶豫地說：「算我一份。」

現在萬事具備，只欠地點。三月的某一天，弗蘭納離職日即將到來，他的收件匣出現克里斯的名字。克里斯來信告知地點已經準備好了，而且可能提供建造經費。弗蘭納不敢相信，他的農場夢眞的要實現了。

克里斯介紹紐約房地產名人東尼·阿爾簡托（Tony Argento）認識弗蘭納。他是電影、電視攝製公司百老匯舞台（Broadway Stages）的老闆，最著名的成就是在熱門地段以外拓展空間，讓大衆負擔得起影視娛樂。他是很有眼光的人，所以他發現絕佳的機會在布魯克林區東緣，占地一六八坪的倉庫屋頂實行一項創舉。他不懼怕風險，爲這項計畫提供建造經費。阿爾簡托很有遠見，他後來在農場進行時裝秀和電影拍攝，這個決定讓他感到值回票價。弗蘭納當時還不知道，但這是我們學到關於「附加價值曲線」的第一課：每人認同你想法的理由不一定相同。至於阿爾簡托和古德是否相信弗蘭納，能爲都市農業創業家創造發展準則，這是無關緊要的。阿爾簡托喜歡把農場當成拍攝場景，古德則喜歡評鑑建造工作，因此獲得建造全世界最大綠化屋頂農場的名聲。

紐約人的另一個優點是不怕困難。古德夫婦以前在電影業工作，熟悉使用起重機和建築機具建造布景和從上空拍攝全景畫面，弗蘭納認爲他們會是阿爾篩托的重要合作夥伴。他們負責建造工作，讓弗蘭納專心處理最熟悉也最喜歡的事：採購工具、規劃設計與選擇種子。

春天很快來臨，街上最後一場雪也融化了，弗蘭納看著自己的夢想逐步實現。他們依照農場所在地址，把農場命名爲「鷹街農場」。第一季，弗蘭納和諾瓦克努力把土堆鏟成整齊的條狀，用來種植羽衣甘藍、高麗菜，中間點綴辣椒和番茄。附近居民不久就發現這裡，開始走進倉庫頂樓購買瑞士萘菜（甜菜）和沙拉用的生菜。農場攤位休息時，弗蘭納會騎著載貨三輪車，從一家餐廳到另一家餐廳，向主廚兜售新鮮香料和爽脆的小蘿蔔。主廚對這些現採農產品從何而來感到不解，但都讚賞品質很好。農場產量不錯，弗蘭納把作物都賣完了。

這家農場的名聲不脛而走。當地部落格、報紙和電視台，各種媒體邀約如潮。每人都想了解這個屋頂農場。一個陽光普照的夏日下午，莉莎打電話給弗蘭納，表示

《紐約》雜誌有位記者報導她和家人的屋頂農場，也想寫一些鷹街農場的事情。這篇報導很短，但搭配一張農場的彩色照片，弗蘭納和諾瓦克在照片裡蹲在走道上。這篇報導於二〇〇九年六月二十一日夏季登出。

此時，在紐約熨斗區和鷹街農場隔河對望的一棟十層大樓裡，我坐在電腦前看著陽光在一年中最長的一天，慢慢消失在曼哈頓區的天際線。當時我是在設備齊全、氣氛愉快的黃色角落辦公室擔任執行助理。我的老闆是餐廳和酒莊負責人喬・巴斯提亞尼齊（Joe Bastianich），當時正在參加科羅拉多州的阿斯本餐酒展。科羅拉多的時間比紐約晚，因此我還在待命。電話終於響了，巴斯提亞尼齊最近熱衷於演奏搖滾樂，還找幾位名人主廚朋友在展覽中演奏。這是他第一次公開表演，他非常興奮。《紐約》雜誌計畫在部落格報導這件事，巴斯提亞尼齊希望文章一上線就馬上讓大家知道。我試著解釋谷歌（Google）快訊讓他了解，他以爲自己是瀏覽器的「刷新」按鈕。我可能因此整夜都要待在那裡了。

我隨意瀏覽網站，網頁底端有張照片和另一篇文章的連結，吸引我的注意。我按了那個連結，螢幕上出現一片很小的植物，有兩個人在其間休息，我讀了照片旁介紹鷹街屋頂農場的一小段文字，後來又讀一次。我覺得十分驚奇。

這不是我第一次接觸城市屋頂農場，而是近幾個月經常接觸，而且和弗蘭納一樣深深著迷。我有幾位在酒吧工作的朋友，打算在荒廢的布魯克林區布希維克社區開一家披薩屋。說眞的，起初我並不認眞看待這件事。披薩市場已經過度飽和，而且這個地點不好。不過我有位朋友派崔克．馬汀斯（Patrick Martins）是餐飲界名人（他創立美國慢食分會，透過他的傳統食品公司（Heritage Foods）銷售肉品給我老闆的餐廳），他說要在後院的貨櫃屋設立美食談話節目電台。

二〇〇八年冬天我第一次光顧羅貝塔披薩屋，當時對這家店根本一無所知。店裡滿是灌鑄混凝土和廢木料，連瓦斯管都沒有，天冷時必須用電暖器，在披薩烤箱裡燒煮麵水。這家餐廳裝飾幾張老海報，看起來像是從某人祖父母的滑雪小屋牆上撕下來的，還有幾個有對話的手繪卡通人物。客人偶爾有二十分鐘沒人服務，因爲外場人員都跑到後院喝啤酒。這家店很瘋狂、很龐克，與全世界的餐廳不一樣。

到巴斯提亞尼齊的公司工作之前，我曾經在他的餐廳工作，這家餐廳是紐約最有名的高檔披薩屋。他擁有十幾家這類餐廳，還有幾家酒莊。他的餐廳是米其林星級餐廳，我吃掉二十道主廚推薦免費的菜，與多數人一樣狼吞虎嚥三明治。放假的時候，我在部落格記錄逛市場的經驗、在外面吃到的餐點、在家做的菜……但我還渴望其他東西。

我一直想離開這個輕鬆工作，回頭撰寫雜誌文章。我是靠寫文章念完大學的。我想爲《美食》雜誌和《紐約客》雜誌撰寫文章，探討已經瓦解的食物系統。我在紐約長大，吃的品質一向很好。我媽媽常帶我和姊姊去採購，但我們不去大型超市，而是到肉店買肉、到麵包店買麵包，再到聯合廣場的農夫市集買農產品。我到瓦薩學院（Vassar College）念書時，感到自己對食物的感情多麼天真，但擁有這樣的想法又是多麼幸運。

大一時我走進食堂，以爲可以吃到農夫市集攤商供應的夏末農產品，這些農民都在肥沃的哈德遜河谷上下游耕作。但我只吃到來自數百甚至數千英里外大型契作農場提供，沒味道的結球萵苣和番茄。這些食物不只令人作嘔，還讓我覺得脹氣和不舒服。從那一刻開始，我就知道自己的志業是什麼。

整個冬天我帶著數位錄音機，跟隨羅貝塔披薩屋兩位老闆克里斯・帕拉奇尼（Chris Parachini）和布蘭登・赫伊（Brandon Hoy）以及馬汀斯，想寫一篇關於布魯克林區最新飲食現況的報導，投稿給媒體編輯。不久我又被一項農耕計畫吸引。計畫發起人想在馬汀斯打算設立廣播電台的後院貨櫃屋頂，和附近幾位餐廳常客提供的後院建造農場。我腦中充滿無數問題：土壤要從哪來？要怎麼把土搬到貨櫃屋頂？要種什麼？他們無法回答，但也沒被嚇倒。他們就是想做這個計畫。

我到了二十五歲，還在學習做計畫，甚至還有應變計畫的應變計畫！大學畢業生受過觀察、分析、評論等等社會科學的技能訓練，但我的創造力僅限於幫老闆印出最新的出差行程表。不過依照這些人的說法，他們要「拚了」。之後幾個月，我們經常用到這個詞。「今天只有三人來，運土車來晚了，我們必須在天黑前用五加侖桶子把兩噸的土移開人行道，穿過這棟公寓送到後院！」

「嗯，我想我們必須拚了。」

像帕拉奇尼這樣的人不多，他以前是民間軍事承包商的現場工作人員，在西非的獅子山擔任軍醫，天不怕地不怕。有時會懷疑，他做許多事只是因爲有人說他做不到。我在寫這篇文章時（後來我放下錄音機，拿起鏟子加入他們），克里斯沒興趣接受採訪。這個想法或許源自他在戰區那段時間，他認爲講太多計畫會妨礙行動，採取行動才有實際意義。如果你不喜歡這個世界，就動手改變它。

他確實這麼做了。後來幾年，羅貝塔農場從冰冷的混凝土房間變成避風港，充滿鄰近藝術家和坐L線火車來探險的遊客對話聲音。隔壁的廢物堆置場變成茂盛的綠色空間，鄰近的建築慢慢有了中央廚房，二〇〇九年夏天我們建造的種植台變成兩個高聳的拱形溫室，底下是廣播電台發著紅光的「廣播中」標示牌。這些多半沒有事先規劃，而是隨機會而自然出現。不過它是有意義的混亂。當時，羅貝塔披薩屋似乎變成你在世界大戰發生時第一個想逃去的地方，或是叛變時第一具火箭發射的地方。

他們用很少的預算開了這家店。克里斯說，當時他們連一次買整盒螺絲的錢都沒有，所以每星期都要去五金行。這對商界高手而言簡直是夢魘。披薩屋附近都是藝術家和勞工，不是把收入花在外食的族群。這個地點距離道路太遠，連瓦斯公司都不願意派人安裝瓦斯管線，直到開業一年後才來。不過，他們沒有因爲這樣就放棄。他們相信附近的人需要有個地方閒坐，可以讓自己感覺像在家裡，他們需要一家有自己特色的餐廳。因此他們沒有採用某些專家的建議（包括我老闆），而是拚下去開這家餐廳。

有些人說這家餐廳是DIY，有些人則說它擁有河對岸那些百萬美元裝潢餐廳所沒有的「正宗味」。無論如何，這家餐廳讓人振奮。我把全部閒暇時間都放在那裡之前，一直覺得自己走在傳統職涯道路上：在雜誌擔任助理編輯、協助研究文章，接著自己寫報導，最後當上總編輯……說不定還會寫一本書！我從來沒想過離開這條道路，走上創業之路。不過羅貝塔的創辦人就這麼做了，看見這家餐廳開花結果讓我躍躍欲試，因此決定放棄這個可以寫在履歷表上的工作（也就是我認眞努力才得到的工作、能讓父母吹噓的工作），而是做了一件傻事，在半世紀來全球最不景氣時告訴老鬧，我要去跟大老鼠爭奪羽衣甘藍。

在曼哈頓對岸，另一位瓦薩學院畢業生葛溫．山茲也做了很傻的轉職決定。葛溫在關注飲水、食物，和能源議題的非營利機構擔任撰稿和研究員，這個工作或許不能讓雙親吹噓，不過可讓自己引以爲榮，而且有不錯的薪水和優渥的健康保險。不過做了幾年研究、撰稿，和見到因爲資源減少和瓦解的食物系統，使全球人口逐漸衰弱，葛溫因此感到心灰意冷。她的先生克里斯多夫．聖約翰（Christopher St. John）在美國廣播公司（ABC）工作，也有同樣感覺。他們每天晚餐都在討論如何離開現在的工作。他們需要改變。後來他們想到，雖然走過大半個地球，但從來沒有好好看過自己的國家。他們覺得，布魯克林或許不是最適合他們的地方，到其他地方或許可以更快達成改變。他們應該大膽走出去，看看其他人在做什麼。

葛溫工作兩年之後，於二〇〇八年提出辭呈，她跟聖約翰領出所有積蓄，買一輛標準黑色富豪轎車，便開著上路。他們在美國四處遊走，先沿著東岸南下，接著轉向西邊，又折回開向華府，最後穿過美國北方邊界，到了加拿大。當年六月，他們抵達阿拉斯加的荷馬市，葛溫在爲死之華樂團（Grateful Dead）製作酪梨三明治的嬉皮咖啡館擔任快餐廚師，聖約翰則在捕大比目魚的漁船上工作和建造房屋。

最後永晝結束，黑暗重新降臨北方。他們已經離開美國九個月，累積的回憶可能超過大多數人一輩子。當他們必須搬到其他地方重新找工作時，發現走過這麼多地方之後還是最愛布魯克林。所以他們帶著身上僅有的現金，與富豪轎車增加的一萬六千公里里程，回到美國東岸。

當時是二〇〇八年秋天，他們開在美國的高速公路上，知道即將面臨的困境：他們回家後很難找到工作。離開一段時間之後，他們了解自己有多想念布魯克林，但已經很難回到原有的生活。他們不再每天離開公寓，到曼哈頓區舒適的辦公室工作，現在他們沒有工作，必須靠打零工過活。葛溫在朋友的外燴公司打工製作酪梨三明治。有一天，朋友提到他管理的披薩屋需要人幫忙，而且答應教她拍餅技巧。因此葛溫在一年內從年薪一萬五千美元和完整福利，變成最低薪資的打工族，在灼熱的烤箱前揮汗工作。

不過葛溫不後悔，她覺得更快樂、更滿足。她發現站著用雙手工作，比整天坐在辦公桌更適合自己。不過低階工作賺錢不多，所以二〇〇九年葛溫和聖約翰回到布希維克，想找有後院的房子可以種植食物。但在紐約，尤其是在他們負擔得起的公寓，所謂的後院通常只是一小塊圍著鐵鍊的土地。他們租的公寓後院比較特別，表面有一層人工草皮，這是很大的優點，因爲他們掀開這層人工草皮時，發現底下完全沒有雜草！不過他們往下挖時，發現裡面有許多浴室磁磚、動物骨骼，以及前任房客留下的怪東西：一條連著粗大鐵鍊的狗項圈。他們花了好幾天清除院子的廢物，把土壤樣本送去檢驗，土壤含有大量的鉛，但他們需要乾淨的泥土。

有一天，我從羅貝塔披薩屋的農場規劃會議離開後碰到聖約翰，他正拿著一塊披薩。我在瓦薩學院時就認識他，但和葛溫不算熟，他是一位不與人打招呼又怪怪的人。我們聊了一下，我提到計畫建造一座農場。我說正在找土壤，這時聖約翰的眼睛亮起來。他在長島一處機構找到很棒的泥土，但需要的數量不足最低訂購量。我們說好透過電子郵件繼續聯絡。聖約翰後來聯絡我時，也把葛溫一起拉進來。葛溫到羅貝塔農場時，她的反應就跟我們第一次走進這裡一樣，融合快樂的困惑和審慎的讚賞。

後來，她還在這裡找到工作。她已經厭倦騎車穿過布魯克林區去做披薩，而且她認爲可以在附近找拍餅皮的工作。帕拉奇尼和赫伊也很中意她。他們感到自己找到一塊璞玉、腳踏實地的員工，以及擁有實際種植經驗的人。我們建造農場時，沒人想過自己不懂如何種植作物，我們的成功充其量只能算是雜牌軍。不過葛溫對植物很有一套，不單單只是把植物種活。她和在家裡種菜一樣，不種低價值作物，因爲這類作物向批發商購買更便宜。此外她還擬定種植時間表，讓餐廳廚師知道某個時間會有什麼蔬果。

她會幫我和志工列出週末農場的待辦事項清單，不到半年，羅貝塔農場產量已經不錯，克里斯和布蘭登把葛溫調離披薩屋，轉到農場工作。他們還收購隔壁占地約一百七十坪的廢物堆置場，需要有人把它從臭氣沖天的流浪貓藏身處，變成充滿食物和歡樂的地方。

這個地方十分髒亂，葛溫深深吸一口氣，埋頭處理繁重的清理工作。清出來的垃圾、汽車零件、死老鼠、狗屎，甚至貓的頭骨裝滿一輛垃圾車。羅貝塔農場當時剛開業不久，預算很吃緊，連栽植機都沒經費可買，更別談要清除整片柏油了。因此當布蘭登告訴葛溫，同一條街的萊茵黃金啤酒廠打算改成藝術工廠和活動場地，她立刻去問酒廠經理，是否能到那裡取用需要的東西，協助他清除廢物。葛溫在那裡取得很多免費物資。第二年，這座農場長出香草植物和果樹。她取得的物資裝滿十五個又大又厚的魚箱，每個魚箱三英尺高、三英尺寬、四英尺長，能夠用堆高機抬起。箱中裝滿土壤時，這點顯得格外重要。

種植箱設計成可以移動很重要，因爲葛溫經常提醒大家，農場生產的食物一定不足以應付餐廳需求，如果農場可以兼具活動場地功能帶來更多收益。因此必須讓農場更具吸引力，並且可以隨意調整配置，因應不同的需求。到現在葛溫依然因爲這點而獲益，也經常鼓勵委託我們設計種植空間的餐廳思考：城市農場的價值不只是提供農產品。由於農場位於城市，因此必須適應都市稠密的人口。這代表農場會被當成集會空間，或在建造時發揮想像不到的功能。這一點對我們公司的價值非凡。

但當時我們並不知道，學到的事務會在五年後成爲賴以爲生的技能。當時葛溫和我只是很高興，能脫離在辦公桌上回覆電子郵件和寫備忘錄的日子。我們很高興這麼做，而且還想做更多。我們看出羅貝塔農場計畫的限制，除了空間的限制，還有觀念的限制。這個農場只是爲服務餐廳而存在，但無論這個農場多麼獨特或先進，葛溫和我都對餐廳工作沒興趣。葛溫利用晚上時間在社區成立食物合作社，這個合作社目前仍在運作。我進行自己的計畫，想爲遭到大型農業公司控告的農民提供法律服務。我們和羅貝塔的老闆一樣，希望達成可觀的進展，而不只是當個大機器裡的小螺絲，朝目標牛步前進。

我們看到《紐約》雜誌關於弗蘭納和鷹街農場的報導時，心裡只有這樣的畫面：一名腳踏實地的人達成可觀的進展。這座屋頂農場對城市的健康生態帶來正面影響。我們可以用磅來計算它爲當地居民提供多少新鮮農產品，而且完全不消耗化石燃料。我們甚至可算出有多少人曾經造訪及見證農場種植的食物，或是單純享受綠意盎然的空間。

此外，我們發現弗蘭納和我們志同道合，他做的事跟羅貝塔相同，成果則完全出乎意料。就實際層面而言，我們很想跟他聯絡，討論種植作物的心得，哪種成效好、哪些不好。我們很好奇他用哪些土壤改良劑讓農場更肥沃，以及從哪裡取得種子。我們還想認識這位成功在屋頂建立農場的人！所以我寫電子郵件給他，直到現在我們還不敢相信他回信了，而且是馬上回覆（農民在夏季通常不會整天盯著電子郵代信箱）。不過他眞的這麼做了，不久我們就互相造訪對方的屋頂農場。

幾星期後，我們碰面的次數愈來愈頻繁。剛開始碰面時談的是進行中的計畫，也會順便借還工具，最後聊到是否要合買一批種子。除了正在進行的計畫，我們心裡都有個大計畫，只是心中有些不確定的疑惑。帕拉奇尼和赫伊在計算投入與收入是否有盈餘時，他們詢問弗蘭納的財務狀況如何。他表示，鷹街農場第一季的毛利（不是淨利，是毛利）是一萬三千美元，但他說，淡季時必須去當二廚，才能損益兩平。

很難說清楚，是什麼因素促使我們合作創業，或許與華爾街騙術被掀開後的經濟形勢有關。當然，我們不想因爲金融業的貪婪而同仇敵愾，而是想證明經濟還有其他替代方案。我們已經失去理想，不再相信善意和人性能抵擋金錢的力量。那年秋天我們聚在一起喝咖啡，話題逐漸轉到數字。我們問的不是城市農業未來是否能滿足城市需求（我們知道不可能），而是以環境管理和社區參與爲宗旨的城市農業企業，在財務上是否能永續經營。我們沒有明講，但心中都排除無商不奸的想法。

更棒的是，我們每人都非常適合從事城市農業，而且我們的個性剛好互補。帕拉奇尼喜歡實行計畫。他像一條鯊魚，只有不斷向前才覺得舒服。弗蘭納喜歡挑戰，爲屋頂農場撰寫業務計畫當然頗有挑戰。葛溫最受不了坐在椅子上思考，只要確定某個想法很好，她就想立刻採取行動。赫伊爲自己的信念努力時，他爭取支持的能力比冠軍賽最後幾秒的吉祥物更強。

我們都認同自己的家鄉需要更多人從事農業，但我們投入後發現，城市農業計畫必須依靠補助才能維持是有原因的。農耕這個行業不受注目，在紐約就沒什麼發展空間。但我們也知道，一個人提倡這件事的力量有限。我們相信，要證明計畫可行，唯一的辦法就是讓計畫獲利。共同的信念促使我們把閒聊中尚未成形的公司模式，轉化成未來公司的腦力激盪。

許多人跟弗蘭納接觸，想和他合作進行各種當地食物計畫，但我們創業的共同目標隨時間而茁壯，而且出現在世界各城市，因此他考慮離開一手建立的屋頂農場，與我們一起工作。況且他可以交棒給能幹的諾瓦克，鷹街屋頂農場在她的主持下會蒸蒸日上。然而弗蘭納、葛溫、我，和羅貝塔披薩屋的朋友合作愈久，愈發現我們有種特別的互動、多樣化的技能，以及共同的志向。我們好幾年後才體會到這個團隊的互動有多麼特別，又花更長時間才讓這個團隊成長到現在這個樣子。就這樣，二〇〇九年秋天我們成爲共同創業的夥伴。

第二章

大海撈針

——為我們的農場找個家

我們這群雄心萬丈、意志堅定的夥伴，決心冒險一試，迎向不可知的未來。然而我們需要一個屋頂平台才能開創這個事業。如果你覺得在紐約找公寓很困難，那麼要說服業主讓一群二十多歲的年輕人，把五百公噸土壤倒在他們的大樓屋頂更是難上加難。我們開設農場到現在已經超過五年，找屋頂平台已經容易多了。近幾年經常有業主問我們，有沒有興趣在他們的大樓屋頂開設農場。但當時我們依然沒沒無聞，找屋頂平台就像在大海裡撈針。紐約五個區的屋頂總面積接近六十平方公里，我們必須在其中找出最適合的地點。

不是所有的屋頂都適合開設農場。首先，面積必須有一定的規模。我們必須投入時間、耐心和金錢，採購和設置綠化屋頂系統和二十五公分厚的土壤，每年還要支出薪水和保險等固定成本，就必須確定收益足以支應這些開銷。經營屋頂農場的變數很大，規劃時要保留餘裕（應該說是爲大自然保留餘裕）。我們需要充足的餘裕，即使有一〇%的作物沒有收成，收穫依然足以讓我們獲利。

我們很幸運。弗蘭納記錄鷹街農場在二〇〇九年的產出，我們就用這些資料計算每平方公尺土地能產出的收益，再算出必須租用多大面積的屋頂才能收支兩平。鷹街農場的種植面積爲五五七平方公尺，毛利一萬三千美元。爲了打平建造成本（以鷹街農場而言，這筆錢是由業主支付，這是很幸運的，我們知道這種好運很難碰到第二次），以及支付一小筆錢給弗蘭納當作生活費（因爲他必須在農場全職工作，沒辦法兼職），所以我們的毛利必須比鷹街農場高出許多，需要的屋頂面積也多出許多。

我們知道不可能幸運遇到像阿爾簡托一樣免付租金的業主，但是又不清楚大樓業主怎麼收租金，而且商業大樓屋頂交易的前例相當少。因此我們不打算找出標準行情，而是從收益目標倒推回去，看看我們能負擔多少租金。有趣的是，有意在屋頂開設農場的人最常問我們的問題正是：「租金是多少？」公開我們的租金數字當然不方便，所以不提供明確答案，只建議年輕農民仿照我們的方法，算出自己能負擔的數字。以我們的例子而言，這個公式（後來成爲我們擬定營運計畫的基礎）包括把土壤吊運到屋頂的吊車費用，和弗蘭納的薪水等固定成本，以及土壤和綠化屋頂等隨規模而變動的成本，當然還有租金，這部分是以平方公尺爲單位，依據我們租用的面積計算。

這些都只能依靠估計，但弗蘭納當了好幾年分析師，估計正是他的專長。我們必須承擔的風險與報酬成正比，事業是否能存活下來取決於是不是能找到正確的平衡點。如果我們保守一點，租用較小的屋頂，租金、土壤和綠化農場的成本就會較少，但產生的收益也有限。另一方面，如果我們放手一搏租用較大的屋頂，成本就會較高，但可以分攤吊車費和弗蘭納的薪水等固定成本，每季產生的收益也較多，收益和事業也可隨時間而成長。

我們比較了固定建造成本加上預期後續的間接成本，和弗蘭納估算的每平方公尺收益之後，發現需要二三〇〇平方公尺以上的面積才能損益兩平和支付少許租金，但我們覺得租用三七〇〇平方公尺的收益比較好。讀者如果不清楚三七〇〇平方公尺有多大，可以這麼想像：三七〇〇平方公尺是三十七公畝，大約是美式足球場扣除底線區之後的五分之四。如此屋頂面積的建築算是非常大，查一下谷歌衛星地圖的城市工業區就能找到，我們就是這麼做的。

面積當然是我們的首要考量，不過不是唯一的條件。我們也很在意建築物的堅固程度。補強建築物結構可能會花掉我們辛苦賺來的錢，所以必須找到能承受農場設施重量的建築物才行。一立方英尺飽含水分的綠化屋頂土壤重二十七到三十九公斤，綠化屋頂設施的重量一向都是這樣計算。考量冬季下雪和工作人員的重量，我們把目標設定在每平方公尺可承受四八八公斤左右的建築物。

以建築物而言，「現在沒有以前好」這句老話說得沒錯。大型建築物尤其如此，因為規模龐大，所以大型建築的用途多半是製造中心或倉庫。我們發現建造日期在二次世界大戰前是很好的指標，代表建築物表面下的結構非常堅固。二十世紀前半，工業建築大多以外包混凝土鋼骨結構，和密集柱子構成的連續框架建造而成，非常適合屋頂農場。我們稱為「三隻小豬標準」：石造房屋很好、茅草屋不行。

可惜的是，我們看地點時沒辦法帶隻大野狼幫忙，找結構技師花費又太高。因此只要我們找到規模符合需求的建築物，就先在網路上做功課，看看是否能找到它的建造時間。我們把地址輸入網路瀏覽器，觀察衛星影像，了解屋頂上的冷暖氣設施和天窗是否較少。此外我們還參考地圖，上面列出建築物的建造日期和總面積（在紐約，這些資料可在OasisNYC網站查到）。

我們評估農場設立地點時，還考慮林林總總的標準。地點當然最重要，也希望鄰近有公路便於配送，但又希望接近大眾運輸系統和住宅區，以便融入社會組織。高度也是很重要的條件。高度較低的建築物雖然在建立農場時比較方便，但很容易被周圍更高的建築物遮蔽，即使我們勘查時周圍沒有其他建築物，但隨時可能有新的建築物出現。在紐約，新建築物往往像潮濕七月的雜草一樣突然冒出來。停車場或搖搖欲墜的老舊倉庫貼著「出售中」的標示牌，聲嘶力竭地喊著：「把我拆掉，換成美輪美奐的新大樓吧！」通常只會把我們嚇跑。

這些條件都考慮之後，在全市六十萬公畝的屋頂中，單單實體屬性就把選擇限縮到只剩十幾個理想場址。我們知道在這些場址中，符合地點要求的寥寥無幾，其中大多數從谷歌地圖難以判定。我們必須親自勘查才能確定。不過巧合的是，我們不是找不到建築物管理者的聯絡資訊，就是對方沒有回電。因此勘查場地時通常必須走上卸貨平台問堆高機司機，建築物所有者在不在，如果不在，就請司機讓我們四處看看。山茲這方面特別在行，她曾經不只一次走進建築，找到電梯直接上到頂樓，完全無視屋頂有警告標誌，也聽不見震耳欲聾的警報聲。

我們勘查場地時特別注意幾個重要面向。首先，支撐建築物垂直高度的結構樑柱間的距離，是建築物堅固程度的重要目視線索。六公尺以下算是不錯，但一樓有這樣的密度沒什麼意義。不少建築物在一樓有充足的支撐，但在較高的樓層完全沒有。所以我們會直接上頂樓觀察柱子的間隔距離。頂樓通常可以看清楚天花板的材質，有時還可以進一步觀察四周。如果有輕鋼架天花板，建築物所有者又很友善（或是沒人阻止我們），我們會要求揭起一片磁磚，用手電筒照一下，藉此確認建築物使用的建材。如果屋頂有許多支撐柱和鋼樑，顯得很牢靠，我們就知道這棟建築物不錯。

接著我們會上樓。這表示有時需要爬樓梯，而且要爬很多階梯。我們走過黑暗前廳時用手機照路，勇敢地爬上只有一個生鏽螺栓固定的梯子，還不小心驚醒一群棲息的鴿子，讓我們嚇得膽戰心驚。階梯能提供另一方面的深入資訊，也就是這棟建築物的文化。未來在農場樓下的鄰居是什麼樣的人，他們對屋頂有座農場會有什麼反應？如果階梯有充足的照明，旁邊有穿著套裝的女性走出辦公室，壓低聲音講私人電話，那麼這個環境應該相當專業。當然也可能會看到菸頭、雪茄包裝紙和用過的保險套。不過這裡是紐約，不是兒童節目《羅傑斯先生的街坊鄰居》的理想世界，這是很正常的。

剛開始勘查場地時，我們坐貨梯的次數多到數不清。我們喜歡搭貨梯，因爲有貨梯表示我們不需要搬著堆肥爬樓梯。也因爲喜歡貨梯我們成了貨梯專家：從兩個人才拉得開門的老古董，到有自動門和木料牆面的高檔貨梯，各種形式我們都看過。我們還看過比弗蘭納的公寓還大的貨梯，有全職操作員負責操作，他的辦公室裡有咖啡機、收音機、躺椅，還有一幅裝框的達利作品《記憶的永恆》。

不過我們最喜歡的貨梯是可以直接到達屋頂，如果梯子或樓梯間沒有屋頂通道，我們就得跟業主辛苦地協調一番。電梯建造成本不低，但對我們而言非常重要。我們不僅需要把資材運上去，從屋頂採收的作物也得運下來。春季我們採收的是青菜和香草，從樓梯運下很輕的箱子還可行。不過到了盛夏，青菜一離開冷藏室就開始枯萎，要把好幾百公斤的小黃瓜、番茄、南瓜和茄子運下來就不大可能。如果大樓裡都是穿西裝的專業人士，他們恐怕不會想在接待客戶時跟滿身大汗的農夫共用電梯。

必須協調的不只電梯。我們偶爾會看到不錯的建築物，但屋頂殘破不堪，這時就要找業主談是否要整修屋頂。整修屋頂所費不貲，但業主大多願意談談，原因是大家都不喜歡屋頂漏水，如果屋外下大雨，屋內就下小雨，頂樓也很難租出去。紐約與許多有暴雨排水問題的城市一樣（請參閱第五章），爲設置綠化屋頂的大樓業主提供單次房屋稅優惠。

我們打電話或發電子郵件給業主時會提到這個獎勵，讓業主比較願意跟我們談。一般來說，如果業主對稅務優惠有興趣，表示他們的主要考量是錢，接下來的問題就是怎麼談租金。我們能支付的租金不多，也知道這樣好像強迫推銷，但我們認爲這對業主而言是額外賺的錢。除了少數例外，屋頂多半無法使用，因此少許租金收入總比沒有好。太陽能對有遠見的業主來說是很棒的選擇，但與屋頂農場並不互斥，因爲太陽能板可以和綠化屋頂同時裝設，提高能源效率。電信公司和衛星公司也是屋頂空間市場的客戶，但因爲這些公司需要的面積很小，維護工作也很少，所以業主能收到的租金很少。近年來，市區農夫、自住和商業承租人確實出現競爭，業主也開始把屋頂當成便利設施出租。但二〇〇九年秋天，向大樓業主租用整個屋頂的只有我們。因此當我們與業主聯絡時，他們的反應是好奇和半信半疑。他們通常願意參與初步會議，但我們能支付的租金很低，提出的計畫又是聞所未聞，因此許多業主都打退堂鼓。

秋天進入尾聲，我們尋找場址的歷程開始改變。我們看了幾十個屋頂，一直找不到適合的地方。這些場址不是有無法克服的實體缺陷，就是業主對我們的營運計畫有疑慮、願意出租的時間太短，或是要求租金遠超出我們的預算。我們希望農場能在第二年春天開始營運，因此建造工作必須在終霜前開始，但還不至於急到願意接受不理想的合約。爲期僅二、三年的合約，讓業主有機會在合約到期時大幅提高租金，接受這樣的合約就太笨了。餐廳會隨時間而愈來愈有名，毛利也會愈來愈高，但屋頂農場的收益受限於種植農產品的面積。我們依據自己目前和未來的能力，提出比較保守的估計值，但這個數字難以吸引潛在的業主。

有句話說：「乞丐沒有挑食的權利」，有時候我們的簡報真的有點像乞討。二〇〇九年秋天某個雨天，山茲和赫伊冒著大雨看了幾個場址，其中一個場址的業主是泰式麵家族企業。這兩個濕淋淋的農夫到達時，業主感到很不好意思，所以邀請他們共進午餐。喝過幾碗熱騰騰的泰式酸辣湯後，山茲和赫伊眞的拜託他們出租屋頂。可惜這個場址不適合，所以我們還要繼續尋找適合的大樓。

大約同一時間，距離泰式麵工廠不遠的地方，我們造訪一座很大的倉庫。這座倉庫非常堅固，只有一層樓高，從地面運送資材到屋頂十分輕鬆。但弗蘭納與業主走進倉庫時他看見一大灘水，顯然是屋頂漏水造成的。弗蘭納表示漏水處必須修補，業主向他保證沒問題。後來他聽見倉庫另一頭傳來響亮的笑聲，當時的承租人就站在那裡，雙手環抱胸前，帶著輕蔑的笑容看著他們對話。他看著弗蘭納，眨眨眼，說：「這個業主已經說好幾年了，但屋頂一直沒有修好。」

冬天慢慢過去，我們開始著急。仲介打電話表示，他有個客戶在布魯克林區的布希維克有一棟很堅固的大樓，這棟大樓的屋頂是平的，距離羅貝塔披薩屋不遠，而且這位客戶對我們的計畫很感興趣，有意願接受我們提出的租金，當時我們高興極了。不過問題是，這棟大樓的屋頂面積只有二三〇〇多平方公尺，只能讓我們損益兩平。不過我們已經把事業登記資料送交州政府，資金也從募資機構轉來（請參閱下一章），而且我們的屋頂農場已經受到媒體和大衆關注，所以我們認為不能繼續考慮下去，於是開始草擬租約。

兩個月後，我們進入商討協議的最後階段。代表業主的地產仲介公司在會議室進行初次會議令人洩氣，對方堅持每平方英尺的年租金是一美元，不願意讓步，但後來有了進展。我們認爲必須提出營運計畫，詳細說明我們的預算，第二次會議狀況就比較好了。弗蘭納不再表示只能支付一定的租金，而是提出財務預測圖表，詳細說明預估產量和收益。修改過的新營運簡報概略說明了優異的計畫，可在整個租用期間產生足夠的收入來支付租金。不過更重要的是，簡報中指出每平方英尺一美元將使我們的事業破產。如果業主眞的想讓我們在屋頂開設農場，就應該接受較低的租金。

當業主帶圖表回去參考，大家面帶微笑握手道別時，我們認為這筆交易已經談定了。我們在某些條款上做了重大讓步，但仍然相當樂觀，大家都很高興這項計畫又向前邁進一步。春天即將到來，種子也寄來了，我們必須開始規劃建造工作。此外也盡一切努力宣傳農場的名字。一天晚上，我們正要去參加地方美食活動，準備在活動會場擺一張桌子，上頭放著農場的相關資訊，同時蒐集潛在客戶的姓名和電子郵件地址，這時負責協商交易的仲介打電話給帕拉奇尼。他掛上電話時看來有點生氣，接著罵了粗話，顯示大事不妙。

帕拉奇尼的臉發紅，說：「他堅持要每平方英尺一美元。」我們正在布置桌子，而且剛放了一疊整齊的手工裁切明信片，上面印著誇張的宣傳詞：「布魯克林農場：即將來到您附近的屋頂！」但其實我們來不了，每平方英尺一美元的租金根本付不起。

我們必須阻止帕拉奇尼發出充滿難聽字眼的電子郵件，與業主爭執是沒有用的，他顯然已經決定收手，打算在最後關頭堅持租金讓交易破局。他知道我們一定會放棄，因爲別無選擇。到了二月底，終霜即將到來，贊助人提供的款項已經匯入銀行，再加上一些引人注目的媒體報導，我們再次發現已經沒有轉圜空間了。

我們從震驚中回神後立刻重整旗鼓，繼續努力。每人分配一塊區域，開始掃視谷歌地圖，尋找面積很大的建築物。我們又開始攀爬搖搖晃晃的梯子，和造訪漏水的倉庫。我們發現好像不錯的屋頂就燃起希望，但每次一打開通風扇，屋頂就充滿來自下方工廠的化學煙氣，希望又再度破滅。我們看過當地啤酒經銷商、中國菜單印刷廠、場地出租倉庫、一美元商店供貨商和木料倉庫的屋頂，但是一無所獲。日復一日的失望讓人十分沮喪。我們盡可能保持信心，募資和尋找適當場址繼續同時進行，沒有租約當後盾，這項工作確實不容易。我們依據春季移植日程，在羅貝塔披薩屋後方的溫室種了幾千株幼苗。但我們的微笑是勉強擠出來的，連弗蘭納的歡呼都顯得軟弱無力。

但當時我們還不知道，其實是搞錯方向了。我們留意的大樓在外觀上適合設立農場，但實際使用大樓的人才是達成交易的關鍵要素。城市周圍大型倉庫的業主大多是安於現狀的舊居民，不喜歡大幅度改變。承租這些地方的製造業者支付的租金不多，但也不會抱怨卸貨平台破爛不堪或男廁所的馬桶不通。他們就喜歡現在這個樣子。可以多收一點租金當然很好，但不論我們怎麼保證，他們都不想處理大工程可能帶來的麻煩。有時候他們只是在等待，希望他們的物業所在地會重劃成住宅區，這樣就可以把倉庫賣給地產開發商，賺一大筆錢，地產開發商再拆掉倉庫，建造住宅大樓。我們應該尋找完全不同領域的地產，儘管當時我們毫無概念，但即將開始認識那個世界。

幼苗開始長出穴格，人行道上的雪也融化成灰色的雪泥，這時我們開始懷疑自己離開穩定的工作，追求現在看來難以實現的夢想究竟對不對。我們睡眠不足、緊握雙手、緊張得直咬指甲，每天在羅貝塔披薩屋後的貨櫃裡碰面。弗蘭納接到從事地產仲介的表弟的電話，當時我們就在那裡。

「你們還在找屋頂對吧？」

不過幾分鐘，我們坐上弗蘭納的車子，急馳在布魯克林與皇后區的快速道路，收音機放著九七電台音樂。我把弗蘭納講電話時複述的大樓地址草草寫在紙巾上，在前往那裡的路上緊張地注意轉彎。當時天空很藍很溫暖，彷彿初春一樣，讓我們以為冬天最寒冷的時間已經過去。我們爬上跨越長島市鐵路站場的大橋時，那棟建築就映入眼簾，白色正面在正午的太陽下散發出耀眼光亮。這棟龐大的建築占據兩條街，俯視著停在後方停車場的美鐵公司（Amtrak）列車。建築看起來就像座城市，一個在山上散發光芒的烏托邦。

大廳裡的壓縮空氣把我們帶回現實。通常會有一群穿西裝的人來迎接我們，而且清一色是男性。我們握手、從口袋拿出銀色的名片盒，用穿著筆挺襯衫的雙手交換名片。這棟建築的業主傑夫．羅森布魯姆（Jeff Rosenblum）和精準投資公司的艾希．杜亞（Ashish Dua）都很年輕隨和。表面上我們保持鎮定，愉快地微笑，一邊跟對方談話，一邊注意兩旁每隔幾英尺就把地面分隔開來的柱子。交換必要的資訊後，我們坐電梯上樓，再走一道彷彿能承受坦克攻擊的堅固混凝土階梯。我們與業主講著話，但心思早就飛到土壤裡正在移植的幼苗。

這片屋頂並非十全十美。雖然地點極佳，正好位於兩個文化相當活躍的地區，但靠近皇后區。由於第一個場址與我們都住在布魯克林區，所以我們把農場命名爲布魯克林農場（Brooklyn Grange），我們覺得鄰居應該不會喜歡這個名稱。不過事後回想，地點還沒確定就決定農場名稱顯然太過草率。雖然一開始就計畫要擴充好幾個地點，但應該事先想到可能落腳在布魯克林區以外的地方。布魯克林區和皇后區的競爭既深遠又悠久，而且當時似乎更加顯著。「布魯克林」這個名稱近年來愈受注目，許多皇后區居民更介意他們眼中的潮男潮女利用這裡的時髦進行商業活動。有許多笑話都是關於來自南邊鄰區的「職人」和「手作小量」產品。我們看見幾位二十多歲的年輕人，穿著休閒靴、戴著工程帽，討論新鮮的有機農產品對健康的益處。對認眞、實際，又自負的皇后區居民而言，這就足以把我們視爲裝模作樣的人。但我們已經帶著布魯克林的名號決定自己的命運。社交上，我們得花不少心力才能得到社區的認同。

除了名稱取得不對，這棟大樓也有缺陷。防水層年久失修，每隔十幾公尺就被機器截斷，包括大型空調、暖氣機、通風管。此外電梯也無法到達屋頂，而且屋頂形狀不對稱。不過業主才剛買下這棟建築，除了前業主的標準汽車零件公司還在使用六層樓中的兩層之外，大樓多半是空的。

我們後來才了解，一開始就應該尋找這類大樓。業主必須吸引承租人，但不屬意租給當作倉庫和工業區房舍的低租金製造業承租人，而比較想租給科技公司和設計公司，這類願意支付較高租金的承租人。當時業主可能比我們更清楚，我們是受歡迎的承租人。綠化屋頂將帶來極大便利，屋頂農場可以在大樓大廳設置攤位，讓大家下班時順便帶新鮮蔬菜回家。業主告訴我們，他們曾經計畫設置綠化屋頂，因此認爲我們可以支付建造成本，所以樂意接受我們提出的租金。業主希望盡快談定交易，包括裝設一部可到達屋頂的電梯，還願意提供一小塊辦公空間。我們很高興，終於找到設立農場的屋頂，而且業主也很高興，況且我們提供的文化資本才是眞正的價值。

現在我們已經有五年實務經驗與智慧經營者的形象，尋找場址時可以挑剔一點。我們也學到，尋找業主時須考量對方是否願意解決基礎設施，還須有意爲大樓綠化屋頂，以及希望激發社區意識。我們最擅於提供社區意識，所以對業主很有吸引力。我們很樂意與鄰居交朋友，大樓的其他承租人可能在我們的日常生活中扮演重要角色。

經營旗艦農場的前幾年相當辛苦。大樓的承租戶不多，而且大多是標準汽車零件公司的員工，已經在那裡待很多年了。我們覺得自己是初來乍到，而且建造農場時很難四處走動。辛苦勞動十小時之後，大家都不想清理洗手間的髒腳印。不過熬過這段時間後，有一天我們走進大樓，發現倉庫裡有一板磚塊，上面有張紙條寫道：「我想你們用得到這些磚塊。你的鄰居。」

過了幾天又出現幾包快乾水泥。又過了幾星期，在一樓搭建臨時攝影棚拍攝《藍色小精靈》電影的工作人員結束工作，他們的臨別禮物包括書桌、紙張、信封、釘書機等等，幾乎涵括我們整個辦公室。負責標準汽車零件公司的總務大衛，給我們一台手推車和兩台電暖器。樓下的印刷公司願意幫我們印製明信片和招牌，條件是讓他們可以到屋頂農場採取午餐食材。漸漸地，我們覺得這是我們的家。

「嗜咖啡」咖啡館於二〇一二年在大樓大廳開張時，我們高興極了。我們非常希望有餐飲業當鄰居，「嗜咖啡」不只供應現烘咖啡，還協助我們為堆肥系統集資，這個系統每星期可以處理數百磅他們產生的咖啡渣。此外，店主法蘭克經常在辛苦工作後從附近的小釀造廠帶來一壺冰啤酒，讓我們驚喜萬分。我們稱法蘭克是「屋頂農夫的恩公」。他其實不必做這些事，但他很清楚事業成功的祕訣：大家一起把餅做大。他支持我們的事業，讓我們在屋頂做更多事，他的咖啡館生意也會更好。

啤酒很棒，但最重要的是，我們尋找場址時想的是社區意識和集體合作。我們希望學校願意讓學生來農場學習，歡迎到農場攤位採購的家庭，以及志同道合、能和我們一起參與綠化行動和趣味活動的其他事業。如果是從事與城市隔絕的農場工作，就很難建立這樣的社區意識，所以我們希望農場鄰近地下鐵或公車路線。我們是在地事業，不是數位公司，社區就是顧客，而我們的顧客組成社區。

雖然每個場址都不一樣，但尋找過程中的某些面向是相同的。我們一旦選定場址，研究過地點後就會草擬租約。每次租約都不同，每份文件也都是長時間協調的結果，包括減稅金額、建造農場的免付租金時間、淡季的租金遷延等等。我們和業主簽訂租約和營運協議的主要目的是能取得較長的使用期間，因此不會簽訂租期短於十年的租約。即使如此，我們仍然會加入重建選項，而且會協調重建期間的租金。有時會同意隨時間而小幅調高租金，有時則會同意以稍高的租金換取整個租期租金固定不變。也曾經談過比例租約，支付業主基本租金加上一定比例的收益。不過從來沒有同意不註明租期結束後，租金如何調整的短期租約，因爲投入大筆資金和心力建立屋頂農場，但幾年之後業主決定要在屋頂蓋游泳池，就得把土壤全部運走，顯然非常不划算。

租約往往是實體企業成敗的關鍵。我們當初可能太早簽訂租約，後來才學到屋頂農場事業有許多細節必須堅持。如果有時間好好研究，我們會把第一份租約展示給所有朋友和顧問。租約簽訂之後就沒有機會，業主不可能修改租約，添加對承租人有利的條款。

我們的哲學是滿意就好，不求完美。沒有租約是十全十美，屋頂也一樣。不過爲了募資，我們必須簽訂租約。如果我們對某些標準堅持到底，恐怕永遠建造不了農場。所以儘管糟糕的租約可能造成危害，但我們還是敞開心胸，讓想像力保持活躍。

我們和布魯克林造船廠談租約時，讓想像力保持活躍並不困難。我們很愛這個地方。這裡符合我們的需求，跟業主商談時的阻礙也不多。想要通往屋頂的電梯嗎？這裡有裝得下整輛Mini Cooper的貨梯。屋頂要有防水層嗎？這裡有全新的頂級防水層，讓我們不用挖土壤來修理漏水處。當然，鋪設防水層的公司也同意讓農場延長保固，但必須讓他們掌控建造過程，讓他們挑選施作綠化屋頂和管理工程的廠商。我們知道建造農場相當辛苦，但若由他人負責就無法控制進度。此外，我們知道冬季種植季節短，很難賺到租金，所以在租約中添加一條，說明如果農場無法在特定日期前完成，（完成蘿蔔、甜豆，和其他春季作物的土壤鋪設），我們就不用支付第一年的租金。

我們發現有些比較不利的條款必須修改，例如造船廠堅持要保留大量（超過總種植面積的三％）屋頂面積當成「公用區」，讓他們用來修理機器。雙方爭得面紅耳赤，但後來我們發現自己很幸運：這片區域用來當活動空間，比拿來耕種更有價值。

儘管能把第一次租約的經驗用在第二次協商，但第二次十分順利的眞正原因是布魯克林農場和布魯克林造船廠雙方一拍即合。我們在造船廠經營團隊（布魯克林造船廠開發公司，縮寫是BNYDC）中找到希望我們承租的業主：他們對我們的文化資本的興趣大於我們支付的租金。因此，他們沒有要求我們把部分屋頂轉租給大學園藝社團或種子拯救者，以耕作爲主要目標的機構時必須經過他們核准，因爲他們想鼓勵我們和社區共享農場，當成教學空間。如此我們便可以扮演橋樑，把這片位於河濱的空間和六公尺圍牆外的居民連結起來。這或許是我們學到最有價值的一課：達成有利交易的關鍵往往不是努力協商，而是找到眞正適合的人。若每人都懷抱相同目標來做這件事，要達成共識就容易多了。

我們了解，找到合適的人不只對尋找農場場址和協商租約很重要，也是建立事業各個面向的關鍵。我們起初專注於自己的想法在財務上是否可行，卻忽略了是否找到適當的夥伴。同時我們也了解，要找到適當的創辦者很不容易。

第三章

理想的回報

——創意資本和新ROI

我們簽訂租約之後，事情就變得非常眞實、快速。我們承諾要使用這個屋頂，而且要支付租金。時間一分一秒過去，即使我們早在找到場址之前就開始募資，現在也應該結束了。我們知道自己的文化資本對新的大樓業主很有價值，現在則需要研究如何讓投資人和貸款人支持我們的事業，他們會認爲什麼東西有價值呢？

我們跟業主聯絡時，提供了兩樣確實的東西：租金與免費的綠化屋頂。綠化屋頂可爲大樓增添價值，即使我們的事業沒成功，綠化屋頂也還在那裡。社會層面則是錦上添花。不過新創企業和潛在投資者的對價關係，通常是純粹的金錢交換：投資者提供資金給企業換取股份，股份的價值隨企業成長而增加，企業開始獲利時，投資者以股利方式賺取金錢，一段時間後賺到高於當初投資的金額。

我們的責任是讓投資者相信，屋頂農場能爲他們提供不錯的報酬——雖然這種事業前所未見，而且受大自然的影響很大。在近一世紀最嚴重的經濟衰退中，要做到這點不大容易。

我們對創業懷抱信心的理由之一是，帕拉奇尼的有錢朋友打算投資，並同意支應

大部分初期成本。不過二〇一〇年冬初他檢視財務時，發現狀況不理想，所以臨時收手。這個打擊相當大，但我們沒有放棄。很多人沒有獲得充裕資金奧援就開始創業，然而我們還是需要尋找其他投資者。我們打算找三位投資者提供九〇%的創業資金，這樣就只需要透過預售產品或募資活動，以非傳統方式籌措其餘的一〇%。

我們草擬營運計畫的同時已四處尋找投資者，弗蘭納曾經算出創業預算，讓我們了解需要募集多少資金。先前預估只要十六萬五千美元就能開始營運，但後來我們落腳在面積較大的長島市，增加到二十萬美元。這筆錢的絕大部分（大約八成）將用在建造工作，包括土壤、把土壤運到大樓屋頂的吊車，以及綠化屋頂的建材。此外還有其他成本，例如事業登記費用和保險費、工具、灌溉管路、市場用的桌子和磅秤，當然還有種子。我們增加少許營運資本，因爲蔬菜需要時間生長，所以手上需要一些現金。不過這些都是最基本的預算，我們已經盡可能緊縮了。

可惜全世界也都在緊縮。二〇一〇年初需要現金的人，不只是帕拉奇尼的朋友（眞令人驚訝）。在當時的經濟環境可能成爲大金主，帶來前所未見的資金（因此也難以預測），但他們的投資在兩年前遭遇重大打擊。我們尋找投資者和場址時，大環境瀰漫著焦慮。投資者現在寧可把現金留在手上，也不願意把五萬美元投入只有營運計畫和一包包種子。

有人介紹幾個投資團體，他們宣稱是新一代關心生態、支持社會企業的獨行俠。他們自稱專門投資「綠色創新」和「破壞性科技」，也就是可能大幅改變現狀的商業和經濟運作方式的投資，但其實他們比宣稱的更加謹慎和傳統。

這不表示這些面談沒有價值，與我們見面的人愈有錢，花在閱讀執行摘要的時間似乎愈少，這很令人洩氣。此外，經常遭到拒絕也迫使我們必須精進簡報內容。我們認爲，不大可能找到三個有錢的夢想家來投資，於是我們進一步緊縮計畫預算，並針對最初五年營運提出充實的現金流預測。

你或許好奇，如果我們的預估狀況那麼好，爲什麼不去銀行申請一大筆貸款？弗蘭納確實與幾家銀行談過，儘管美國政府降低利率，在信用市場凍結時鼓勵銀行借款，但最低利率（一〇%左右）仍然超過我們的能力。即使在財務預估中保留一〇%

的利率空間，但申請銀行貸款也可能被打回票。畢竟銀行貸款給新創公司多半比較謹慎，要求的營運資本年數也多於我們現有的資本（其實根本是零）。我們不能冒著浪費時間的風險去申請貸款，即使真的申請到貸款，資金也要好幾個月才能到位，對我們來講太晚了。

目前已經確定，單一大金主或大筆銀行貸款不可能了，但個人投資和小型貸款還有機會。即使是個人投資者也與法人或投資團有相同疑慮：他們想知道「你們找到多少資金？」「你們有多少金援？」可惜努力好幾個月之後，我們的答案仍然是「不多」。

現在我們得自己拿錢出來，必須讓潛在投資者知道我們對這個計畫的決心，所以每人都盡可能投資，有些人甚至投資所有積蓄。我們五人總共投資三萬五千美元，讓自己更有動力去募集資金，讓潛在投資者知道我們用的不只是他們的錢，也包括我們自己的錢。拿別人的錢創業輕鬆容易，但成功與否可能影響自己時一定比較謹慎。不過我們知道，光是投入自己的資產難以吸引別人投資，還要證明別人對我們的構想有信心，所以我們決定發起老式的大衆集資活動。

首先必須辦幾次活動。辦活動是公司向鄰近社群介紹自己的好方法，可以接觸、吸引未來的顧客，同時讓潛在投資者看見這些人潮，相信我們的計畫將爲生活帶來好的影響。要讓大家放開胸懷，最好的方法就是辦派對。不過要辦什麼樣的派對呢？這裡的社群形形色色，有新鮮食材獵人、都市計畫人員，以及想找地方展現手藝的園藝專家。各種人因爲不同的理由而被我們吸引。

幸運的是，我們有兼容並蓄的基地，就是羅貝塔披薩屋。我們第一次募資活動，決定要辦個盛大的晚餐派對，不會太鬆散也不會太拘謹。我們規劃好活動之後，開始研究如何宣傳。布魯克林農場的郵寄名單只有十五人，而羅貝塔當時才剛開張。我們沒有足夠的人脈來宣傳活動，需要有人協助發布訊息。

我們規劃讓農場兼具教育空間的功能，讓都市人了解食物和農業，希望在活動中強調這一點。所以和紐澤西州澤西市自由科學中心的朋友合作，他的工作是讓家長、老師，和社區營造機構知道有哪些募資者需要資金。

一如往常，我們聯絡可能提供協助的各種管道。我們的朋友馬汀斯曾經擔任美國慢食協會主席，提供他的傳統食品公司的傳統飼養豬肉。羅貝塔披薩屋主廚卡洛和廚房團隊用披薩烤窯烤了這些豬肉，搭配細綿的玉米粥和秋季蔬菜。正點（Del Posto）義大利餐廳答應擔任特別來賓，老闆巴斯提亞尼齊還帶來吉他，與我們的藍草樂團（譯注：美國鄉村音樂）合奏幾曲。羅貝塔披薩屋當然全體總動員，幫我們布置會場、賣票、送飲料，和協助節目進行。

整個算起來，活動的總成本是一千四百美元，每張票賣五十美元。這個票價當時看起來好像很貴，而且距離活動只剩四天才賣出二十八張票，剛好打平。但現在看來，在羅貝塔吃一餐的平均花費或我們農場的晚餐平均價格，這個票價很便宜。顯然大家也覺得便宜，所以活動前一天票全部賣光了。餐點非常棒，現場氣氛溫暖又歡樂，參與活動的賓客包括曼哈頓餐廳大老闆、都市農夫、生態學者，以及全身刺青的布希維克龐克族。不過真正與眾不同的是拍賣活動。

如果你不擅於找人幫忙，創業是很好的練習機會，而且效果非常好。我們盡可能找到各種捐獻，所以拍賣場有各種服務和物品，彷彿大家是同一個團隊。帕拉奇尼的弟弟答應主持拍賣，他是「野馬」羅伯布萊恩（Rob "Bronco" Bryn）極富魅力的歌手，也是野犛牛樂團（Wild Yaks）團長。他會隨便指著一個人，就開始隨拍賣價格提高嘶吼聲，滿身大汗比手勢，讓現場陷入瘋狂。帕拉奇尼的老BMW越野機車賣了不錯價錢，後來我們才發現他把鑰匙搞丟了。帕拉奇尼和赫伊提供帆船短程旅行。當時在羅貝塔擔任二廚的朋友蓋伯・麥克麥金（Gabe McMackin），願意到得標者家中料理六道套餐。巴斯提亞尼齊以七百五十美元得標，他當場表示如果我們能招待十二人，他就把標金加倍。這對朋友的支持度是很大的考驗，但蓋伯和承諾提供套餐全部食材的羅貝塔披薩屋老闆，都毫不考慮地答應了。一千五百美元對當時的我們是一大筆意外之財，更令人興奮的是這代表有進展，終於能告訴投資者我們有足夠的資金。

我們受到鼓舞，再加上獲得許多人慷慨贊助，因此毫不猶豫地著手規劃第二次募資活動。這次活動是間接成本極低的十三號星期五派對，因此可以邀請負擔不起高檔票價的二、三十歲朋友。山茲和帕拉奇尼與藝術家儒勒・德・巴林庫爾特（Jules de Balincourt）商量，在他位於布希維克寬敞又素雅的工作室舉行活動。赫伊半強迫地邀情樂團演奏，還請當時不大有名的六角星（Sixpoint）啤酒廠的朋友供應折扣啤酒。蓋伯主廚再度跨刀，爲派對製作他想得出成本最低的餐點：烤乳酪三明治和好幾大鍋豆子湯。每份餐點賣十美元，而且附送啤酒一杯。

我們與布希維克的死亡殺手（Deth Killers）摩托車社團是好友，他們熱心接下這次活動所有設計和裝飾工作。因此這個有益健康的派對，有個紫外線「窺視秀」大頭貼機和旋轉鋼管，讓業餘人士能小露兩手。我們不清楚有多少人來，但凌晨四點熄燈時，大家都還在跳舞（好吧，其實我們也在跳）。最後我們募到三千四百美元，證明不應該小覷二、三十歲年輕朋友對融化的乳酪、冰啤酒，和現場音樂演奏的喜愛。不過事後的整理工作十分累人。我們花一、兩小時清理浴室地板上的嘔吐物，讓第二天拉丁美洲少女成年禮能順利舉行。我們發誓再也不要辦這類瘋狂派對了。

不過我們還需要跟餐飲界人士建立關係，希望主廚和餐廳老闆，在紐約成爲富饒農業園地的過程，能提供重要的元素。他們的客戶是富裕的美食家，希望享用傳統品種番茄和爽脆的蔬菜。簡單說，我們必須與曼哈頓人建立關係。爲了吸引這類人士，我們聯絡弗蘭納的朋友卡洛斯。他在格林威治村有一間波波（Bobo）餐廳。不過他的餐廳沒辦法延長折扣期間到星期四、星期五或星期六，所以我們決定在星期一舉行募資餐會，希望主廚、餐廳經理，和調酒師當天可以參加。

前兩次募資餐會成功後我們有些過度自信，認爲每次辦活動都會成功。之前有布魯克林企業家安．薩克索比（Anne Saxelby）捐贈乳酪，和在大酒商工作的朋友彼得．傑姆洛斯（Peter Jamros）捐贈葡萄酒，但這次沒有了，是否能成功辦這場高檔的曼哈頓晚會，我們很緊張。結果這次活動不甚理想，差點因爲票賣太差而取消，因爲我們在格林威治村認識的人太少了。

於是我們在最後一刻延後活動，免費送票給朋友、家人，和預計會參與拍賣的人。拍賣成了這次活動的重頭戲，照例有幾位賓客貢獻不少物品，但當天最熱門的拍賣物件是家庭烹飪用具，大多來自其他區的贊助者。坦率表達熱愛皇后區伍德塞德地區（Woodside）的「伍德塞德鮑伯」，與卡洛斯餐廳的常客激烈競標，買到「布魯克林刀匠」捐出的手工刀。當地酸黃瓜、醃豬肉，和手工辣椒醬也都賣出不錯價錢。最後我們靠售票和拍賣賺到一千多美元，而且認識幾位口袋很深的餐廳常客，不過我們只是做自己想做的事，而不是針對高消費族群舉辦活動。這次學到一點：只做自己懂的事情。

後來經營屋頂農場時，這件事成爲重要的一課：了解周圍的人，對社區要有信心。現在回想的心得是：成立和經營屋頂農場所需的團隊合作，是非常棒的事。薩克索比的乳酪和六角星啤酒廠，現在都是這一區的當地品牌。他們自己有送貨車，也在銷售有機食品的全食超市（Whole Foods Market）上架。當時他們只是剛開業的小公司，小額捐助可能會影響自己的盈虧，但他們（以及參與拍賣的刀匠、主廚和美食作家）認爲自己有責任改變這個城市的食品生產過程。他們站出來，支持其他剛起步的良心小農。商業團體捨去競爭而互相合作，這類狀況並不多見，不過二〇〇九年的布魯克林商業界眞的做到了。

辦過三次募款活動之後，我們又找人幫很多忙，盡可能透過小小的社交網絡賣票。但透過關係尋求支持，朋友和鄰居穿上乾淨襯衫上餐廳吃飯、參加拍賣的次數是有限的，提供場地、專業技能和材料的朋友，當然也是有限的。我們知道，必須有策略（或非傳統）運用募款資源。

因此我們發揮創意：餐廳支付五千美元，可以得到三千美元的農產品，加上兩千美元無息或低利貸款，分成十二個月償還。不過餐廳對預先付款、向還沒成立的屋頂農場購買蔬果興趣缺缺，所以這個點子始終沒有實行。

有一次我們參加百事可樂的網路競賽。這件事已經過了很久，大家都不記得細節，只記得頭獎大概是一萬五千美元。我們非常需要這筆錢，只要票數夠多就能獲得。問題是，我們必須在指定時間之前上傳計畫才能參加競賽，但上傳資料與在尖峰時段打電話到廣播電台抽演唱會門票一樣困難。那個網站一直塞車，我們花二十分鐘拚命按「更新」按鈕，但根本進不了網頁，最後只得另想辦法。

到了四月，我們的朋友安東尼、也是羅貝塔的披薩師傅告訴我們，有個叫做

Kickstarter的群眾集資平台。新聞報導曾經提過這個平台，但我們只有模糊概念，可是在社群網站開始出現幾次集資活動的消息。當時是二〇一〇年春天，Kickstarter成立不到一年，群眾集資的概念還相當新穎。七年前，微額貸款概念當紅。Kiva等網站要使用者把二十五美元小額款項借給全球的創業者。這個概念很好，可讓富裕的西方人藉由助人獲得更大的參與感，同時在點擊時短暫脫離困擾我們的共犯感。但二〇一〇年已經沒人討論微額貸款，我們懷疑群眾集資是否也會如此。我們已經告訴許多人本來談好的一個地方，但因爲業主太貪心所以破局了，所以實在不能再丟一次臉，集資失敗當然更不用說了。我們忐忑不安地把計畫提案交給安東尼在Kickstarter工作的朋友。

現在很難想像「群眾集資」現在已經成了常用語，好萊塢導演也用這種方式爲電影籌集資金。不過當初我們貼在社群媒體上鼓勵捐款的文章，看起來很像某個新潮阿嬤寫在Kickstarter網站上的「關於我們」：「各位好，我們在Kickstarter發起群眾集資活動！大家可以透過Kickstarter支持我們的計畫，但如果沒有達到兩萬美元目標，我們就一毛錢都拿不到！因此請幫忙散發訊息，協助我們達成目標！」

群衆集資是一種新的創業方式，和捐款、貸款或投資不同。捐款意味希望他人施捨，貸款意味必須付出利息，投資意味必須提供股份，Kickstarter集資活動則是請「贊助人」提供「有償借款」。這種說法讓人聯想到公共廣播電台或電視台，這類必須依靠群衆贊助才能營運的平台。不過投資新創公司最後可能血本無歸，群衆集資則有數字可以參考：認爲計畫是否值得成立的人數。從這類平台的成功程度看來，世界似乎已經可以接受提供資金給大衆商務、藝術和事業。

贊助人因爲有「回饋」而願意提供贊助。這類回饋可能是印有商標的T恤或購物袋等特製贈品，有時是集資所生產的各類產品。集資出版作品的音樂家可能贈送新專輯，調味品職人可能會贈送小量生產的番茄醬。我們提供什麼回饋呢？除了常見的購物袋、T恤，與贈送蔬菜給金額較高的贊助人之外，我們還承諾等農場的養蜂場完工，會以每位贊助十美元以上贊助人的名字爲一隻蜜蜂命名。

過了幾星期，我們號召親朋好友和電子郵件清單上的每個人，支持這次集資活動。除了鄰近社區的熱情支持讓我們感到窩心，來自遠方的支持更令我們又驚又喜。我們收到來自世界各地四百多位支持者的贊助，其中許多人素未謀面，但他們在社群媒體上分享我們的影片，同時慷慨贊助。此外還有些支持者住得太遠，無法享受我們承諾的環境改善或新鮮產品，還是傳訊息鼓勵和祝福集資順利。

就某種意義，一個強調地域性的計畫獲得來自遠方的支持有點難以理解。資金固然不可或缺，但鼓勵更加重要。在最艱困的時刻，當尋找適合的屋頂讓人感到筋疲力竭，最有希望的投資者決定退出，或是我們懷疑這個想法是否太愚蠢的時候，收到地球另一端的人捐助五十美元，能爲我們灌注無窮的信心。這些贊助者願意以金錢支持，我們就應該抬起頭大步前進。這件事比我們自己更重要，比可能耕種的屋頂更重要，甚至比我們的社區更重要。

這是全球化、數位化時代的募資方式：資本透過伺服器流動，影像以畫素方式傳送，大數據縮小到能呈現在手機螢幕。地區性事業爲鄰近社區生產有形的良質產品，也爲全世界提供比較抽象的東西。我們的成功讓其他人信心大增。現在仍然有人寄訊息給我們，希望提供集資活動的建議。他們一定在想：「你看，他們拿出占地才四千平方公尺的計畫，就讓兩萬公里以外的人捐了兩萬美元！」我們不知道該說什麼。集資活動不是曇花一現，我們的計畫剛開始時連建物都沒有，只有一片屋頂農場。一般認為，影片是群眾集資活動中最重要的元素，但影片裡只有我們在講話，中間穿插在羅貝塔披薩屋周圍工作的畫面。這樣的影片勉強可用，但絕對得不到奧斯卡金像獎提名。

我們建議打算發起群眾集資活動的人，告訴朋友和擁有廣大社群基礎的機構，請他們散發活動訊息。我們或許會建議他們經常提供最新信息給贊助人，維持計畫的熱度，同時鼓勵贊助人透過他們的人脈散發訊息。不過，我們的成功與在Kickstarter的訴求或網站的媒體合作無關，而與我們募集資金的計畫有關。支持者認同的是這個概念，而不是活動。他們贊同有人不只要成立在地事業，還要描繪藍圖讓其他人一起努力。他們贊同這個計畫：採取實際行動改變現狀。看過那麼多文章和呼籲之後，他們贊同這項計畫能實現更環保的城市和更優質的食物。

Kickstarter網站讓我們體認的，就是這個計畫的特色。這樣的體認讓我們得以強調這個屋頂農場最能吸引大衆的本質，就是眞實性和確切性。即使不打算造訪，贊助者仍然在乎我們是否確實存在。我們認爲這個屋頂農場是概念證據，證明這個模式大小皆宜，而且大家都能這麼做。不過我們沒有進行可行性研究，而是身體力行，親身實踐這個模式。許多人因爲這個構想實現而受到激勵。在這個萬物數位化的世界，我們的支持者仍然偏好實際的東西。

有這種想法的不只是我們。二〇一五年春天，另一個群衆集資網站IndieGoGo出現該網站史上規模最大的集資活動。是什麼樣的計畫呢？它是一種新型的蜂房，養蜂人只要轉動旋把就能採收蜂蜜，不會驚擾裡面的蜜蜂。雖然蜂農對這個產品看法不一，擔憂會鼓勵生手投入這個領域，導致蜂群生病及害蟲和疾病蔓延，對現在已岌岌可危的蜜蜂數量的害處可能大於助益，但他們的嘲笑並未影響大筆資金湧入。設計流蜜蜂房（Flow™ Hive）的父子原本的集資目標是七萬美元，最後竟然獲得一二二〇萬美元。他們的產品和我們一樣是透過實體建設，讓支持者與他們感到逐漸疏離的生產系統產生關聯。它提供一種參與感，讓人相信目前的狀況可以改變，同時提供具體的替代方案。儘管我們認為所謂「概念證據」的部分最能激勵人，但其實重點還是證據部分，也就是有形證據。

就這個意義而言，Kickstarter是學習任務取向行銷的速成方法。我們很快學會如何散播訊息，但更重要的是要散播哪些訊息。集資活動接近尾聲時，我們獲得不少鼓勵，也開始受到批評。有些是有興趣投資的人，有些是想報導我們開幕的記者，有好多人聽說過我們。終於有人主動詢問我們了！現在我們打電話給潛在的業主或贊助人，對話不再是單調地回答相同的問題：「你們說要在哪裡建造什麼？」若想讓更多人認識我們，Kickstarter集資活動與向個人宣傳自己計畫一樣重要。

可惜Kickstarter的捐款金額大多介於十到二十五美元，如果要爭取大於這個金額的捐款就需要建立實體企業，但這點反而有負面影響。現實上，數位企業比實體企業賺錢更快，投資報酬率（ROI）也比較高，因此投資團近幾年關注的焦點是科技業。相實體企業擴張的速度和程度有一定的限制，尤其是在寸土寸金的都市深耕的企業。

反地，科技新創公司唯一的限制是頻寬或伺服器儲存容量。我們知道無法和市場上的行動應用程式和數位串流服務競爭，但即使曾經放棄尋找大金主提供創業資本，但仍然有信心可以透過適當管道出售股份，每股五千美元，每次出售一到二股。不論有沒有信心，我們都必須這麼做。經過這幾次募資活動、Kickstarter集資，以及大家淘空家產之後，我們募集到的錢還不到可讓農場開始運作的一半。

要達成這個目標，我們知道需要充實明確的營運計畫。如果不確定能賺錢，沒人願意投資好幾千美元。我們借用朋友的範本來撰寫營運計畫，每人都貢獻自己的專業能力。弗蘭納擔任分析專家多年，數字能力強大，負責進行財務預測。我下班後留在辦公室，從消費者購買行為報告摘錄市場研究內容，以及搜尋綠化屋頂有益環境的統計數字，花費許多心力製作圖說，介紹文化社群，吸引想促成三重基線企業問世的投資者。山茲把關鍵要點濃縮成簡潔的摘要，用清爽又專業的格式列出每人的貢獻。現在我們只需要把它呈現給適當的人選就好。

某一天，弗蘭納的朋友提到有個財務顧問手上有很多資金，但他不用電子郵件，弗蘭納必須把紙本營運計畫送到他位於紐約上東城的公寓。所以弗蘭納盡責地騎著單車過橋到第二街，把計畫送到這位潛在投資人氣勢雄偉的大廳，交給一位穩重的門房。門房對這個要求似乎不意外，好像已經習慣轉交東西。過了一、兩天，弗蘭納得到回音。他接到這位神祕人士電話的反應與我們期待的不同。他告訴弗蘭納，會立刻捐一筆錢，但我們必須是非營利機構，這樣他才可以節稅，而且他不打算投資。就他看來，覺得這個屋頂農場要做成營利性企業不會成功。

他問弗蘭納：「你知道這要花費多少工夫嗎？這個計畫太離譜了！」

弗蘭納騎單車穿越紐約市把營運計畫送過去，卻被一個連名字都不知道的傢伙講得這麼難聽，讓他失去耐心，所以弗蘭納答道：「好吧，我們破產之後會清算，那就跟節稅一樣了！」簡單說，對方不打算投資了。

觀察哪些人對計畫中哪部分有興趣是有趣的事。華爾街人士會立刻研究數字，接著提出一連串問題。他們想知道現金流分析、關於作物的細節，以及他們能理解的東西。餐廳老闆最喜歡與農場合作、在農場舉辦晚餐活動，以及在產品交貨前搶先取得。

這時傑瑞．卡爾達利（Jerry Caldari）出現了。他是布羅姆雷與卡爾達利建築師事務所（Bromley Caldari）創辦人之一。這個事務負責建造我們的旗艦農場。當時我們已經在跟業主商談，但資金還沒有完全到位。他的助理寄來電子郵件，想開會進一步了解投資細節。弗蘭納表示，這是他最糟糕的一次宣傳，但爭取到的投資人最多。

當時我們用的大概是第十個版本的營運計畫，包含的財務資訊比先前版本更詳細。弗蘭納經歷那次面對華爾街人士的艱苦審訊後，變得非常注重數字的吸引力。所以他到了羅貝塔披薩屋，與帕拉奇尼和建築師一起坐在侷促的餐廳裡，試圖翻過一頁頁簡報，在喇叭傳來的刺耳音樂聲中說明數字。不過卡爾達利不在乎數字，他比較有興趣的是餐廳、後面的貨櫃屋廣播電台，還問這些桌子是用回收木料做的嗎？事實上，弗蘭納覺得他根本沒在聽，直到帕拉奇尼加入，開始再次說明整個計畫。我們發現，卡爾達利感興趣的是概念。他是世界上少數希望把事情做好，而不想追求快速報酬的人。卡爾達利不只是曼哈頓建築師，他內心深處是個老好人，願意在他屬意的地方投注金錢。

當他寄電子郵件來確認投資時，我們很興奮但不意外。當他再寄電子郵件把我們介紹給另一位潛在投資人時，我們感到又驚又喜。接著……他還是一直寄電子郵件。卡爾達利有一票同樣慷慨、樂觀又成功的朋友。他幫我們找到三位投資人，帶來兩萬五千美元資金，超過我們總目標的一成。卡爾達利可說是我們的救星（這還只是開始，後來他擔以我們的建築師時又幫了許多忙）。

有一次，有人找弗蘭納到下布魯克林區啟用不到一年的綠大樓（Green Building）低衝擊節能活動場地，爲一個專題討論小組演講。弗蘭納接受了邀請，心想這次演講應該會吸引不少對環境永續和綠建築有興趣的布魯克林人。我們正想多接觸這類人，他們可能是潛在的投資人，也可能是每星期固定訂購蔬菜的社區支持農業（CSA）會員，或是市場採購者。這次小型活動非常有趣，主辦者是倡導某個主題的地區性團體。我們不記得那個專題討論小組的主題，但記得有位成員是在佩斯利農場工作的農民，總是穿腰果花圖案的衣服。

活動結束後，弗蘭納幫主辦人收拾折疊椅。農人很難看著別人做事而不幫忙。當天一位名叫蓋瑞的聽衆看到這件事，他在康乃狄克州家族土地上以生物動力方式種植大蒜，參照自己編製的陰曆，跟隨月亮週期耕種，因此在農場裡被稱爲「月亮蓋瑞」。不過大蒜不是他的生計。蓋瑞和太太經營一家成功的傳播公司，而且是精明的紐約商界人士。他向弗蘭納表示，對弗蘭納的演講和屋頂農場的概念印象深刻，而且相當欣賞弗蘭納願意在演講之外協助其他工作，所以蓋瑞願意出手幫忙。

蓋瑞最後不只借給我們一大筆錢，還在募資過程中擔任顧問。他經常打電話給弗蘭納，問道：「你們處得好嗎？吵過架嗎？如果吵架的話告訴我。」他相當實際（誰管錢？你們相信她嗎？）有時甚至會在我們最需要時推我們一把（租約在哪裡？你們需要租約！）就某方面而言，蓋瑞的角色有點像老爸。如同某些人一樣，我們偶爾也會對他的建議翻白眼（我們知道，我們需要租約！）但我們還是會聽，因爲他問的問題都很中肯，我們知道自己很幸運有他在旁，隨時幫我們留意。

弗蘭納的堅持和樂觀確實展現出成果，資金也逐漸到位。有一天下午，他在曼哈頓市區一家餐廳與一位投資人見面，收取一張五千美元的支票。他收到後就跳上單車騎過曼哈頓橋，到蓋瑞在單波區的公寓拿另一張一萬美元貸款支票，還與蓋瑞喝杯龍舌蘭。然後他又騎上單車飛奔到布希維克，在羅貝塔後面貨櫃屋的廣播電台接受訪問。當天非常忙亂，所有事情都擠在一起，過了幾個星期，我們很快就習慣這種感覺。弗蘭納將手把纏著膠帶、牛奶箱當籃子的單車鎖在餐廳外面，這時他已經興奮不已。從他身上破舊的燈芯絨長褲和車棉長外套，沒人猜出他身上帶著一萬五千美元。

我們很樂意說，我們提出的負債股本比率，是經過仔細計算和刻意調整的比例。我們知道適當的負債比應該是一〇到二〇%，但我們沒那麼大的能力，所以順其自然。有些贊助人覺得這樣的風險報酬比太高，如果他們貸款給別人也只能賺八%，還不如當個投資人取得股權，承擔隨之而來的風險。有些人坦率地表示，他們是借貸而不是投資，因爲他們認爲我們至少要五年才能償還，這是原先訂定的貸款償還期間，不過他們懷疑我們是否能撐那麼久。他們希望能優先拿回資金。

最後，我們的努力有了回報，不只建立一個很成功的屋頂農場，幾年後又擴大到第二個。我們的營運計畫勾勒出相當積極的成長計畫：爲了達成計畫中提到的財務目標，我們預測將在五年內擴充成七座屋頂農場。這當然是過度樂觀，但當我們有機會在二〇一一年開設布魯克林造船廠農場時，眞的開心極了！不過我們不願意把股本稀釋到必須進行第二次募資。我們已經很努力了，股本還是沒有達到理想。旗艦農場的面積僅四千平方公尺，造船廠農場則多達六千平方公尺，費用遠高於皇后區的場址。業主堅持屋頂鋪設要由他們認可，但由有執照的綠化屋頂廠商設置農場，雖然可延長全新屋頂防水層的保固，可是經費也會大幅攀升。

很幸運，還沒有列出這些攀升的成本時，造船廠的聯絡人就提醒我們，紐約市環保局（DEP）提撥一大筆經費給綠化基礎建設，用於改良紐約市的暴雨排水成效。這眞是一場及時雨。我們原本沒有認眞考慮把補助當成資金來源，因爲我們是有限責任的營利公司，但補助對象僅限於非營利或慈善機構。不過營利性的景觀設計、都市計畫事務所和大樓業主，可藉由吸收逕流（請參閱第五章）減緩雨水流入下水道系統的機構或個人，都可以申請這項補助。我們的綠化屋頂不僅能減少逕流，還能創造工作機會和促進社區參與。紐約市政府批准申請，我們取得了補助款。

我們編列造船廠農場預算的目標不超過八十萬美元。雖然六十萬美元補助款支付綠化屋頂大部分費用，但這項基礎建設必須直接減少逕流，所以一定有補助款補助不到的成本，例如修理通往屋頂的貨梯、建造溫室，以及把貨櫃吊運到屋頂的費用，貨櫃的用途是當成儲存空間與大型冷藏室，用來冷藏收穫。

所以我們再度發起募資活動，距離上次募資活動不過兩年。不過這次我們手中不只有預測數字，還有優異的經營成果、成功的記錄，以及讓我們成爲知名品牌（而且讓媽媽引以爲榮）的媒體報導。我們仍然必須稀釋股本，但情形不會太嚴重，因爲布魯克林農場的價值已經是二〇〇九到二〇一〇年尚未開業時的兩倍。布魯克林造船廠慷慨伸出援手，不只提供資金還支付電梯修理費用，讓我們有通往屋頂的電梯。有些投資人投入更多資金，避免股本被稀釋，有些則選擇貸款給我們。這次我們不需要好幾個月，而是只花幾星期就募到建造第二座屋頂農場所需的資金。

在二〇一〇年春天時，我們還不知道未來會如何。希望有人能讓我們透過水晶球看見未來，屋頂農場是否只要兩年就能賺錢和擴大規模。我們已經贏得贊助人、投資人、貸款人和Kickstarter贊助人的信心，他們讓屋頂農場得以實現，不是因爲他們預期可以賺很多錢，而是相信我們能實現他們的希望。我們激勵了一群支持者，讓他們知道世界上還有新的點子有待實現，現在必須實現我們的點子。如果大家單純因爲財務預測而支持我們的事業，壓力反而會小一點：數字是我們追求的身外之物。我們可能達成目標，否則就可能失敗。不過這些概念、希望和目標……我們的團隊必須對此負責。現在我們面臨實現這些目標的重要關頭。

如果當時我們知道未來會有五年榮景，應該會比較容易接受後來的狀況。不過當時沒人告訴我們這一點，讓我們安心。二〇一〇年五月，我們手上握著許多人的錢，眼前是大幅縮短的生長季節以及光禿禿的屋頂，等著我們把它變成農場。

第四章

拚就對了！

——建造農場

二〇一〇年五月十日黎明前的昏暗時刻，下班的黃色計程車和運報車發出平穩的引擎聲，行駛在以汽車經銷商和廉價肉品供應商聞名的皇后區北方大道上。車燈在荒涼詭異的人行道亮著寒冷的藍光。接著一個個人影下了單車，還有人從地鐵階梯出現，拿著咖啡保溫瓶，惺忪地揉著眼睛。我們穿著靴子和厚重的丹寧布和帆布長褲，後面口袋塞著大手帕，另一個口袋塞著工作手套。在冷冽的春天清晨，我們大多戴著羊毛帽，裡頭再戴棒球帽，防止太陽照到眼睛。路人以爲我們是建築工人，不過他們說對了。今天我們要建造前所未有的東西：全世界第一座商業綠化屋頂農場。

兩輛十八輪大卡車停在六線大道旁一棟巨大的白色大樓前，另有兩輛還在快速公路上。每輛卡車裝著十五個巨大的塑膠編織袋（又稱爲太空袋），每袋可裝一千兩百公斤土壤。未來幾天總共會運來三百六十袋。我們打算讓卡車倒車上卸貨平台，再用棧板運送車直接從貨台搬上平台的計畫遇到了障礙：太空袋是從側面上貨，而放置太空袋的棧板只能從貨車側面上下。所以棧板運送車停在大樓前，占去整個右邊車道。帕拉奇尼沿著卡車外側駕駛堆高機，所以也擋到中間車道。我們戴著工程帽、穿著反光背心站在街上，揮著橙色的旗子，警告朝我們疾駛而來的汽車，因爲駕駛人對著我們背後升起的太陽，會看不清楚。

不只一次有駕駛最後一刻才轉進僅剩的車道，後面的車子發現我們時已經沒時間轉過去。我們把旗子揮得更高、更認眞，還用手指吹口哨。汽車遇到紅燈停下時，我們還會跳起來讓駕駛看見。我們把交通錐放遠一點，貼近剩下的車道，讓汽車經過我們時必須減速。此時，帕拉奇尼開始搬運土壤，一趟趟地從卡車搬到卸貨平台，我們再用棧板運送車送到倉庫。第四、五輛卡車到達時，我們才剛搬完第一輛卡車的土壤，卡車沒地方停、喇叭聲大作，旗子揮舞著。

當時是星期一早上不到六點，我們的目標是在星期五日落前處理完。

建造占地四千平方公尺的屋頂農場不容易。有建造綠化屋頂的設計師和承包商，但費用都不便宜。我們是現金有限的新事業，沒有那麼多預算找設計師和承包商，只能自己動手，而我們正是會自己動手做的團隊，座右銘是和羅貝塔閒聊時學到的一句話：拚就對了！如果對想做的事考慮太多，就會畏縮不前。我們知道會很辛苦，而且有時候是蒙著頭向前衝。不過我們做了投資風險評估，事前盡可能做規劃，面對可能會出現的意外並加以解決。

這不表示我們的團隊不夠強大。帕拉奇尼以前是軍人，是天生的領導者。山茲從小就經常整修父母親的老房子，非常熟悉電動工具。我擔任行政助理多年，會在事前擬定嚴密的時間表，把每人的聯絡資料和在計畫中的角色列成清單。最重要的是，弗蘭納曾參與建造鷹街農場，他知道該取得哪些材料與如何組合。再加上赫伊號召羅貝塔披薩屋的社區居民，在大太陽和強風的屋頂上劃土，我們有信心一定會成功。

我們把土壤運進倉庫後，開始把建材送上屋頂。我們找來吊車吊運太空袋和運土車，但吊車司機的薪水是以小時計算，然而我們希望在早上七點司機上班前盡量多做點事，因此不打算先把綠化屋頂建材綁在棧板上讓他們吊到屋頂，等我們建造好綠化屋頂的第一部分才把土壤吊上去，所以要先把阻根層、過濾布和排水墊放進貨梯。不過貨梯只到五樓，我們必須從五樓把龐大笨重的材料搬上兩段階梯。此時光線從日出的金黃色逐漸變成清晨的魚肚白，我們站在光禿禿的屋頂，穿著法蘭絨長褲，流著汗檢視建材。那段時間我們非常省錢，其實應該多請司機工作半小時，把那些東西吊上去。我們還沒有眞正開始工作，但已經累壞了。過了好幾年我們才體認，工人有多重要、價值有多高，但那段時間錢是最重要的，除非必要絕不多花一分錢。

建立旗艦農場最困難的部分是地基形狀和地點。這棟建築物建於一九一九年，是長一百公尺的梯形，東側寬度約是西側的兩倍。在一九二三年，西側又多出一塊長三十公尺、寬二十一公尺的屋頂，所以像Y字形。此外，屋頂上每隔十多碼就有一部中央空調主機，體積可觀的水塔和樓梯間外牆不偏不倚地位於中央。

如果能在南側或北側吊運建材，狹長的形狀或許不是很大的挑戰。不過南側是鐵路站場，與鐵路公司簽署使用協議得花好幾個月。北側的北方大街不僅是交通繁忙的大馬路，而且底下有地下鐵通過，所以是中空的。因此我們不得不讓起重機停在一百二十公尺長的建築物一端，從這裡讓運土車的車斗相對，四輛一組互相輪替，把袋子割開倒進車斗。運土車司機沿著夾板鋪成的臨時「跑道」，把土壤送到農場另一端，一群鏟土工在那裡等著把土壤鋪開。聽起來很簡單，對吧？

土壤只是問題的一部分。建造工作的另一個重要部分是綠化屋頂。綠化屋頂包含阻根層、排水墊和過濾布等許多層，每一層必須對齊才能發揮最大效果。即使每一層的尺寸相同（其實不同），還是必須順著中央空調主機、樓梯間外牆、排水管，和奇怪的轉角曲線裁切。有一種剪刀適於剪濾布，但不適於剪阻根層，因爲阻根層需要更鋒利的剪刀。有凸線的排水墊塑膠材質很硬，必須用美工刀才切得動，不只危險而且很醜。如果這樣還沒辦法就必須用土車處理，先鋪好一小塊綠化屋頂，趕在被風吹亂之前倒下土壤。

保持穩定的節奏不容易，但非常重要。如果團隊做得太快，材料就會移動很快，在屋頂的強風中，排水墊可能會被上升氣流吹起，飄過女兒牆掉到街道。但如果處理土壤的進度超過綠化屋頂鋪設，就必須停下來等他們趕上進度，否則支付的起重機費用就沒有發揮效用。爲了確保效果，不能讓運土車在屋頂上跑來跑去，以免破壞防水層，造成漏水裂縫。因此除了原本的工作，我們還得搬運夾板搭成跑道，讓運土車開到下一個要倒土的地方。夾板很重，而且人手不多，所以必須蹲下來抓住一塊比我們張開雙臂還大的夾板，抬著它（不能放在地上拖，當然是爲了保護屋頂）到預定鋪放的位置。

如果我們是有經驗的綠化屋頂建造公司，這些事或許會比較容易處理，至少會知道要給自己多一點時間。但我們是外行人，除了弗蘭納、山茲、我、帕拉奇尼、赫伊，和餐廳一半員工，還找來朋友、家人、室友、鄰居、前男友女友，以及所有能來幫忙的人，每天大概有十五到二十四人。這次行動非常瘋狂，大型建築工程一定要有幾個有經驗的人，但我們新手和老手的比例懸殊得讓人憂心，但預算很有限，也沒什麼選擇。

不過我們確實有幾位超級巨星。首先是羅貝塔的調酒師麥特・卡倫德（Matt Calender），他一天只睡一小時，但從來沒有抱怨，而且經常第一個到。弗蘭納的藝術家朋友馬歇爾・柯爾夏克（Marshall Korshak）講話總是輕聲細語，全身穿黑色，就算大熱天也如此。羅貝塔披薩屋的施工經理雷斯・佛斯特（Les Foster）脾氣火爆、身上刺青、講話有濃濃的英國腔，但吼叫多於正常講話，每句話開頭都是

「喂！」。蒙坦納．馬斯別克（Montana Masback）總是帶著全身包緊的爸爸，父子檔一起工作。羅貝塔的財務長蓋伯．羅斯納（Gabe Rosner），總是開那輛畫著鯊魚露出牙齒的運土車。先前開過這輛車的司機不知所云地寫著：「運土車上請勿嘰叫」。果醬媽媽雷娜．麥卡席（Laena McCarthy）膽子超級大，堅持要一位男士讓出運土車給她開。餐廳大亨朱塞佩．法爾科（Giuseppe Falco）有天午餐供應我們許多披薩。凱薩琳．惠爾洛克（Katherine Wheelock）體重大約等於一立方英尺土壤，但用運土車鏟土的速度比花式溜冰的旋轉還快。另外還有好多特別的人。

事實上，工作辛苦的感覺消失很快，我們感激在建造初期前來幫忙的每人。原本以爲大家的好意已經在募資階段用完了，但現在請親朋好友再次幫忙。工作相當辛苦，不論擦多少防曬乳，太陽總能把我們烤焦。還有土壤……運土車車斗周圍的泥土總會跑到我們身上，再進入七竅和毛細孔。每天結束後都能從鼻子清出沙子，頭髮洗出塵沙。即使覺得已經洗乾淨了，眼角和耳朵裡還是會有黑黑的灰塵。我們睡著時，腦中還迴響著鏟起和拋下泥土的聲音，土壤彷彿滲進我們的大腦。

儘管如此，社區民衆還是天天來幫忙，他們得到的唯一好處是有午餐和收工後的幾瓶冰啤酒。我們兩三口就喝完啤酒，天還沒黑就回家睡覺。社區民衆像是裝甲兵，帶給我們力量挺過那段辛苦的日子。不過他們並不知道，星期五傍晚結束一星期辛苦工作之後，我們最艱苦的日子正要來臨。

艾瑞克和希拉瑞是我們最好的朋友及熱情支持者，他們與弗蘭納在威斯康辛州念大學時就是朋友，同樣個性善良、永遠樂觀。可惜他們喜歡自己的全職工作，所以不能參加建造團隊，我們則在平常日努力工作，避免支付起重機加時費。不過他們週末可以過來幫忙，幫剛播種的苗床澆水和拍照記錄建造過程。星期六早上九點左右，建造工程的第六天，花費的時間已經超出預期，我們到羅貝塔的溫室照料漸漸成長的幼苗。這時弗蘭納的電話響了，是艾瑞克打來的，他的聲音沒有平常的歡欣，弗蘭納知道他要講的不是好消息。

前天晚上我們離開不久，紐約建築管理局（DOB）發出停工令。一張白紙貼在大樓的大門上，讓艾瑞克和希拉瑞無法進入。他們用手機拍照傳過來。停工令表示我們沒有取得施工許可，已經違法。

我們嚇壞了。我們當然有結構技師報告，證明這棟大樓可以承受土壤的重量，也經過建築師同意。被停工的原因不是我們用了禁止使用的材料、設計或建造方式，而是我們沒有把計畫書送交市政府並取得核准文件，但是我們商談過的每個業界人士都說，他們做綠化屋頂從來沒有送過審查。他們認爲綠化屋頂不是「重大修改」，也不是新的結構，如果是新結構，就必須把計畫書送交ＤＯＢ審查。我們完全相信自己的同事，因爲他們是專業人士，很清楚狀況。

從這點可以看出另一件重要的事：有證照的人講的不一定絕對正確。我們不確定自己的能力時，很容易覺得周圍的人比自己懂，我在建造期間就有多次搞不清楚自己在做什麼。我不像山茲那麼能幹，也沒有弗蘭納擅於精進系統的頭腦。帕拉奇尼懂得吊車司機說的行話，他和赫伊有創辦餐廳的經驗。我覺得他們一定曾經覺得我什麼都不會。我花很多年才肯定自己的價值，現在回顧那段日子，才知道不只我有這種感覺。我們都曾經覺得自己沒有必要的技能或知識，弗蘭納和山茲在建造過程也是趕鴨子上架。我們依靠帕拉奇尼和赫伊的餐廳建造經驗，和這個領域的同事的建議，結果連他們都不完全了解規則！

這就是面對新事物時克服不安全感的竅門。沒錯，有時候你覺得自己像個騙子，但無論如何都不要煩惱，其他人會不會發現你不知道自己在做什麼。你應該告訴自己，大家都在忙同一件事，沒時間注意你。當你眞的出錯，也不要讓失敗動搖你的信心。犯錯並不表示你能力不足。拚命做一件事時，有時候就會出狀況。有句話是：「演久成眞」，我們則說：「拚下去就會知道該怎麼做」。

要有信心，大家都是這樣。專業人士讓我們信任的關鍵正是他們的自信。我們覺得自己不懂，但他們經驗豐富，因此會因爲信任他們而打消疑問。此外，我們知道不需許可就能進行工程時鬆了一口氣，因爲這種規模的工程前所未有，一定會耗費不少時間和金錢才能取得核准。

我們相信他們說不需要許可就能進行工程，不是因爲我們太天眞。如果要百分之百確定，可以聘請熟悉紐約法規的協辦人，但這樣又會使吃緊的資金更加捉襟見肘。

我們也可以打電話給主管機關，確定是否眞的不需要許可。不過當時我們面臨生長季節的時間壓力，沒那麼勤快。在某些狀況，與其申請許可不如先斬後奏。同事的建議其實是這個意思：技術上，我們可以申請許可，但不是非申請不可，而且也不會有人知道或在意。這樣聽起來或許不好，但我們發現有些過時又嚴苛的規定已經沒有意義，負責執行這些規定的人也懶得處理。可惜這次不屬於這類狀況。訣竅是了解這些規定，多問問題，同時接受可知的風險，而非不可知的風險。

然而，有時我們沒有機會選擇。就時程而言，如果向主管機關申請許可，屋頂農場一定趕不及在第一季開始運作，讓收支平衡。主管機關可能要求停工，等他們派評估人員過來，這樣會讓進度嚴重受阻。可能要等到許多工程完成審查後才取得核准，也可能幸運碰到支持綠化建設的主管人員，協助完成程序。我們不知道，因爲我們決定拚下去了。

實際上，任何工程都必須取得建築許可才能施作。我們和同事處理這件事的區別是他們默默地做自己的工作，大眾和主管官員不會注意到。相反地，我們則經常發布新聞稿。我們認為，允許《每日新聞》和《紐約時報》等媒體上屋頂採訪建造工程不會引起主管單位側目，顯然太過一廂情願了。這麼做真的很笨，因為魚與熊掌不可兼得。我們可以選擇曝光，也可以盡量低調。但我們對公開進行的工程洋洋得意時，市政府不可能視而不見。我們完全是自作自受。

或許是因為這個原因（而且使事情變得更糟），建管局把命令範圍擴大到涵括整棟大樓，可能也是要讓業主認真看待這件事。由於業主正在把這棟大樓從單一承租人空間，改裝成多承租人的商業大樓，各樓層大概有十五項工程正在進行，所以業主確實很重視這件事。這對我們與新業主而言確實是很棒的開始，對吧！

收到命令時已是星期五下午，所以整個週末毫無進展，只能等市政府星期一上班。透過電話聯絡以及與新業主開許多會議，再加上山茲某位在市長室工作的老朋友幫忙，我們把文件送到承辦人手上，而且速度比一般人快許多。如果說，現在我們有什麼事情非常拿手，而且在幾個月內練習了無數次，答案就是找人幫忙。

弗蘭納在星期一來回建管處好幾次。他動用一些關係，約了建築師卡爾達利和皇后區長伊拉．葛路克曼（Ira Gluckman）一起開會。兩位都很幫忙，但還是協助我們提出證明文件，終於取得許可。停工命令在三十六小時撤銷，但我們爲這三十六小時付出不少代價。最讓人心疼的是五千美元罰款，但還不只如此。弗蘭納週末原本應該休息，卻都在寫電子郵件和打電話，拜託別人、印文件，和協助我準備聲明稿，以便應付星期一早上的後續狀況。星期一終於到來，我一整天重複地說著：「請看聲明稿，此外沒有其他。」弗蘭納則一整天都待在市書記辦公室。星期二中午他離開市書記辦公室，因爲這次事件而筋疲力竭，口袋也少了五千美元，但拿到復工書面許可。這時他的電話響了，是《每日新聞》打來說他們聽說停工命令已經撤銷，他有沒有什麼意見？

講完電話後，他在邱園（Kew Gardens）的建管處辦公室對面草草吃了一片披薩就跳上電車。時間緊迫，沒有時間可以慶祝。我們必須趕緊回去工作。

臨時取消工作的吊車司機總算回到工作崗位，工程也在第二星期的星期四重新展開，之後狀況稍微有改變。我們不再讓媒體上屋頂採訪。儘管天氣炎熱，但大家都戴著工程帽。朋友賈瑞穿著拖鞋，帶著大西瓜過來，從背包裡抽出大砍刀切開西瓜時，我們叫他放下刀，以後不要穿拖鞋到工地。我們吃西瓜時仍然開心地說笑，但已經有一些變化。在此之前，整個計畫似乎十分奇幻，甚至可說是神奇：最後一刻才決定場址；業主配合我們快速簽下租約，讓我們及時開工，趕上生長季節，還有源源不絕的支持和協助……現在我們體會這些「神奇」有多麼脆弱。大家關注我們，若稍有閃失就可能改變屋頂農場的未來，我們的未來也會隨之改變。

吊運土壤的第二個星期，我們繼續努力工作。這段期間有些緊張狀況：暴風雨在接近完工時襲來，吊車司機也提早停工，因此我們不得不多付一天薪水，但其實我們無法負擔。雪上加霜的是，吊車停在一條死巷，有一輛建管局的車停在巷口，監視我們的一舉一動。不過我們只花六天就完成建造工作，每天平均吊運和鏟平六個太空包，土壤總量超過七十二公噸。最後一袋土壤吊到屋頂後，大家都累倒在水塔的遮蔭下。當時很寂靜，只有下方的車聲。山茲在一袋碎掉的過濾布和灌溉管線剩料上暈了過去。弗蘭納輕手輕腳地離開，開始種下番茄幼苗。幾星期後，我們整好地、種下幼苗，屋頂農場開始慢慢成形。

屋頂農場成形後的狀況遠比建造過程整齊多了。雖然我們經常說自己在拚，但建造屋頂農場和種下幼苗時可不是瞎忙。儘管建造工程有許多方面沒有準備好，但有更多是策略性地刻意爲之。其實我們已經想好屋頂農場裡會有哪些東西，以及每樣東西要放在哪裡。

屋頂農場初期最傷腦筋的是畦床規劃。旗艦農場的形狀比較特別，更難規劃出整齊清爽的植栽和大小均等的畦床。許多農民認爲畦床大小均等是最好的種植方式，因爲大小相等只需要計算一次。如果每塊畦床的大小相等，就能算出每季施用六次魚肥共需要訂購多少量，把每條植栽的長度乘以總條數，就能算出應該訂購多少灌溉管。採收時間和產量也能以單一單位計算。換句話說，我們可以採取一些步驟來控管混亂。不過根本沒用，我們的非傳統農場各方面都變化多端，難以掌握。

因此規劃第一座農場時，我們放棄大小均等的想法，把心力放在增加種植空間，卻在長短之間猶豫不決，爭論哪種方式可以提供更多空間。幸運地，布羅姆雷與卡爾達利建築師事務所的傑瑞幫忙製作屋頂縮小平面圖。最後，因爲屋頂的形狀太奇怪了，我們決定以垂直大樓長度的方向挖出南北向的畦床，再鋪一條一・八公尺寬的推車走道穿過畦床中央。這樣的設計可做出兩百多個畦床，其中約有二十多個大小均等，其餘的植栽則隨位置而逐漸加長。如果沒辦法使畦床大小均等，至少可以盡量增加種植空間，讓我們賺更多錢。

畦床尺寸變化多端，使規劃和資料記錄顯得異常吃力。弗蘭納花許多時間計算彎曲的植栽面積，測量每條植栽，趁我們在田裡忙著採收時把尺寸輸入試算表。

對旁觀者而言，這些計算似乎有點多餘，不過他爲農場省下很多研究和計算時間。當你在屋頂農場看著長長的待辦事項清單時，太陽已漸漸西沉，這時你一定不想因爲沒有事先查好適當種植間隔，而必須停下來用手機查詢。因此每季結束時，不論多麼疲倦，我們都會坐下來討論有哪些地方需要改善，有哪些事情可以做得更有效率。趁我們對工作還很清晰時，看看有沒有什麼方法可以讓下季工作更輕鬆。無論是需要購買的工具或註冊CSA會員的線上平台，一定有些東西可以幫助我們做事更有條理。

雖然計畫太多很花時間，但適當的計畫對避免混亂十分重要。預估工作量和建立系統，在最忙的幾個月有條不紊，對企業順利運作相當重要。爲了達到這個目標，我們用Excel計算和記錄屋頂農場，包括需要訂購種子數量、每種作物應該種幾個育苗盤，以及幼苗移植後每行植栽的產量。連每種作物的適當間隔也會記錄及上傳，讓屋頂農場所有成員都能檢索。

設計旗艦農場配置時，我們規劃畦床寬度格外謹慎。弗蘭納把單位面積平均營收，比在鷹街農場時提高近五成的策略是關鍵要素。他提議大幅縮減走道，把位於綠點社區屋頂的畦床寬度增加二五%。不過這些多出來的收入並非全部來自蔬菜，還包括提供諮詢、活動等其他收入，而且加工食品占比很大，例如辣椒醬和酸黃瓜。他的策略包括改善作物組合，把提早育苗和直接播種等方式延長的生長季節列入考慮。

弗蘭納投注許多時間列出作物清單，仔細衡量應該分配多少面積給每種作物。這是農民實際驗證過的最佳方式，韋斯瓦爾也在他的《有機農民事業手冊》詳細介紹這種方式。我們在鷹街農場分配給可產出高價值蔬菜的作物面積比較多，分配較小的面積給低價值作物，也就是耗費的時間和空間較多，但單位面積平均產量較少的作物。

依據策略選擇產品不是我們這個行業的特有行爲。我們量化每種作物的價值，選擇最能獲利的來種植，同樣地，每個企業也必須依據投資報酬率決定要提供哪些產品。這是我之前在餐廳工作時學到的概念。一般來說，廚師會以銷路最好的材料來設計菜單，例如牛排、鮭魚或烤雞，再大量進貨，壓低成本。如果你希望產品多樣化，就會採取策略性的提供不大好賺的產品，畢竟廚師也有自己偏好的菜色。

我記得有位廚師的菜單一定有小牛肉，不過小牛肉的成本相當高，再加上人工和配菜之後幾乎沒賺到錢。所以他的中價位餐廳不能把這道菜的價格訂得太高，否則會嚇跑顧客，因此他採取的策略是每晚只供應一定數量。有些客人純粹爲這道菜光顧，他們點的飲料和甜點則足以彌補小牛肉的營收。

因此我們規劃每種蔬菜的種植面積時，生菜、羽衣甘藍、香料植物和番茄的比重（這些都是獲利較多的作物），就大於向四周延伸又占用空間的夏南瓜，或是需要八十天才能成熟的胡蘿蔔。除了獲利較多的品項，我們也搭配小部分「小牛肉」，包括主廚喜愛但知名度不高的義大利菊苣，或是吸引客人到農場攤位的香料植物。

屋頂農場種滿植物時，已經是七月了，建造工程雖然幾星期前剛結束，但感覺好像過了好久。屋頂農場一片欣欣向榮，我們則忙著採收和銷售作物。每天都是新的挑戰：該怎麼支撐番茄，讓它能抵擋屋頂的強風？或是該怎麼提高農場攤位的營業額？我們工作更辛苦，但每天都有新挑戰。我們每天到屋頂農場拚命工作。

到了二〇一二年又開始忙起來，在另一棟高度將近兩倍，面積也接近兩倍的大樓屋頂鋪上更厚的土壤，進行目標更大的計畫。不過這次要使用的屋頂有保固，而且位於市政府的土地。這有兩層意義：我們使用政府經費，並在市有土地建造屋頂農場，因此法律規定必須開放所有合格承包商投標，防止徇私濫用市政府經費。另一方面，保固條款規定只有取得防水膜製造廠商認證的鋪設廠商才能執行鋪設。總而言之，我們不能自己執行工作，也不能插手幫忙把綠化的建材和土壤吊運到屋頂。此外，也不能先斬後奏，每個程序都必須事先規劃並取得許可。這次和以往不同。

我們的成本也會增加。由於雇用協力建造廠商和使用更高級的材料，預算很快就膨脹到旗艦農場的三倍以上。幸運的是，建造工程取得經費補助，所以儘管不大想採購比以前貴的材料，但還是覺得輕鬆不少，因爲有人幫忙完成這些工作，我們可以專心經營旗艦農場的第三季。

一直輕鬆到三月中，這時我們很想開始播種，但屋頂仍然一片光禿。這時候大家想到簡單且不同的建造方法，就是不用吊車把太空包吊上屋頂，而是由廠商把土壤直接倒在平台上，我們再用挖土機把土壤送到大樓旁。接著用有輸送帶和滑槽的貨車把土壤打進巨大的管子裡，送上十一樓，直接鋪在屋頂上。

異想天開的計畫常常一敗塗地，開始懷疑去年爲了成立第二座屋頂農場而把員工增加到三倍，結果到了四月屋頂還是光禿禿，這麼做究竟對不對？但天氣愈來愈溫暖，白天愈來愈長，屋頂農場還沒完成。首先，把土壤打進巨大的管子相當困難，土壤和空氣的比例必須恰到好處。要找出適當比例得花不少時間，但我們沒有時間。更糟的是，幫浦車操作員終於找出適當比例後，又因爲幫浦車無法打通濕土壤而再度延後，因此只要下雨就必須給土壤蓋上防水布，春季暴風雨的威力又很大。接下來幾星期，雨一直下不停。

我們再度遭遇始料未及的障礙。自認這次規劃比第一次更好，但無論計畫多麼周詳，工程都不可能完全依照計畫進行，有時最佳選擇就是不要試圖控制每個面向。

天氣稍微好轉，我們的工作也開始展開，幾星期就在光禿禿的屋頂農場挖掘畦床。這時已經是五月中，弗蘭納和農場經理卡倫德拿著自製量尺和幾把鏟子，懊惱地跟在鋪設廠商後面，就像夏天在馬匹旁飛來飛去的蒼蠅，每鋪好一塊土壤就做出一條走道。

如果狀況許可，我們會趁早開始建造工作，但酷寒的天氣難以開工。要推送潮濕的土壤很難，推送結冰的土壤更難如登天。爲了達成目的，我們進行重大計畫都會預計第一個生長季節較短，但進度偶爾會超前。規模較小的工程一定可以及時完成，例如二〇一二年春天在卡洛斯的迷迭香餐廳屋頂建造的微型農場，五人只花一天半就完成。這棟建築物只有一層，所以我們找來配備小型起重機的工作台車，直接把土壤從貨台吊到屋頂。屋頂防水膜是全新的，而且採用恩卡絲網，這種單層捲裝綠化屋頂基底具備單絲纖維排水層，可大幅加快鋪設速度。理想的狀況是每個屋頂都是一到兩層樓高，形狀是完美的長方形，周圍是毫無阻礙的十二公尺道路，可讓起重機逐步分區傾倒土壤。

但世界非十全十美，而且有句話說：完美是把事情做好的大敵。所以如果希望這個城市變得更好、有好幾處屋頂農場，我們就必須拚盡全力，完成辛苦的建造工作。現在我們已經準備好了。學會在其他地點育苗，等屋頂農場完工就可以進行移植。也學會不讓媒體和其他事物影響建造工程，以及在第一年以較短的生長季節編列預算。此外也學會，雖然建造工程極具挑戰性，但眞正的工作是在完工後才開始。如果你覺得建造屋頂農場很辛苦，可以試試在農場耕作。

第五章

持續不輟的工作

——仔細思考與創造秩序

農場已經建造完成，我們開始要在屋頂耕作了。首先必須證明這個概念可行，之後還必須把概念提升成眞正的農場。規劃假想的事業是一回事，營運則是另一回事。前者只需要預測、最佳推測和抱負，後者需要分析、實際資料，而且必須回歸現實。這是持續不輟的工作。耕作是繁雜混亂的工作，大自然有自己的秩序，但不是非常井然有序。我們在屋頂農場每天要面對新挑戰，打破以往慣例。強風扯下棚架上的植物，把用來覆蓋的稻草吹到旁邊的走道，把土壤吹得到處都是。有人趕在下雨前播種，沾滿塵土的褲子泡在水裡，現在晾在原本不應該晾衣服的地方。葉蚤在芝麻菜上咬出一大堆小洞，弄得像是瑞士乳酪。對喜好有條理和秩序的人，這簡直是惡夢。

經營剛成立的企業也是一團亂。每天時間都不夠用，等你找到辦法把事情塞進行程表，一定會有意想不到的事情跑出來搞砸。損益兩平點的預算編列，沒考慮機器突然壞掉必須換新。班表原本排得像藝術品一樣完美，但突然有人打電話說得了流感。當你努力好幾個月才排好的會議，突然官員打電話說要臨時檢查。你可能會覺得無比洩氣，想把手機摔爛。這聽起來夠糟嗎？這還只是星期二而已。

身為小型企業經營者，無論發生什麼狀況都必須負起責任面對。當你不知道該如何解決接踵而來的災難時，責任往往大到難以承受。如果你是農人，必須「管理」千奇百怪的狀況尤其辛苦。中午前必須採收三十五公斤青菜？時速六十五公里的強風把菜葉吹出採收箱？你剛花三小時打電話給主廚推銷番茄，但老天卻整晚下雨，整箱番茄都爛掉了。當然，不只農民才會碰到臨時狀況。網站設計人員都曾經剛好在上線日碰到技術問題，餐廳老闆也碰過冰箱在檢查日當天早上燒掉的狀況。中小企業管理中唯一的定律就是莫非定律。

我們學會幾件事來處理一直在拋接的球數，但偶爾還是有些球會丟過來。「拚就對了」策略，讓我們順利完成建造和度過屋頂農場成立初期，即使已經過了好幾年，現在還是有些事情需要打拚。不過屋頂農場成立幾個月之後，我們擁有的除了拚勁還有經驗。這幾年我們取得成功的方法，都是從錯誤中學習而來的成果。

規劃小型企業的時候，有些好心人會建議你要預先設想會發生無法預料的狀況。這類沒意義又矛盾的陳腔濫調令人生氣，比較精確又有幫助的說法應該是：要預先設想無法預料的狀況可能會一再發生，而且在第一次發生時就要學會如何處理，當再度發生時就不會無法招架。或許無法預料下次災難是什麼狀況，但可從上次經驗學會如何面對災難。第一次被騙是別人不對，第二次如果又被騙，自己就應該準備好應變計畫。

例如，我們都知道設計作業時應該盡可能提高效率。這或許聽來理所當然，但發現有些點子可以讓計畫更漂亮、更與眾不同的時候，我們都非常容易因此興奮。但如果這些點子會拖延時間，即使只延後五分鐘，都可能讓你和新企業帶來不小傷害。如果發現這些點子很炫但不實際，就必須忍痛捨棄。我們剛開始設計旗艦農場配置時，曾經打算把屋頂的機器障礙物納入設計。我們興奮地大喊，它將成為新的城市樸門（permaculture）！我們要好好利用屋頂的地形，把喜歡熱的作物放在釋出熱的中央空調主機底下，需要水分的作物就放在集水區，沒辦法每天照顧的角落，最適合種植瓜類、葫蘆等生長期長的作物。大家都能和諧共存，不論是天然動植物或人造物體。

這樣的樂觀態度大概只維持半季。實際狀況是，冬季雖然會從排風管排出暖空氣，但溫度不夠穩定，無法保暖菜苗，反而成爲葉蚤幼蟲在冬天的天堂，讓牠們不會凍死餓死。沒辦法每天照顧的角落和濕地，卻爲雜草提供絕佳的生長條件，讓我們花了好幾小時除草。而且這些東西讓我們很難行動。我們厭煩跳來跳去、側身繞路、被絆倒、爆粗口、踢到東西、種子包掉到地上……所以設計布魯克林造船廠農場時，在容易聚集害蟲的機械裝置周圍放一圈造景石，這樣就不需花太多經費顧及難以照顧的角落又能綠化屋頂。我們尋找第三座屋頂農場地點時，會先考量把障礙物的面積扣掉，只管可以造出大片農場的區域。

我們仍然運用屋頂的地形特徵，表達對耕作的決心：在高處爲土壤添加改良劑和澆水，讓傾斜的屋頂把營養帶到低處，但放棄利用中央空調主機釋出的暖氣供給溫室這類太理想化的想法。把塑膠包在機器周圍太麻煩，在主機周圍蓋溫室又太浪費空間。當我們拋開浪漫想法，或結束一天工作時，待辦事項清單只畫掉「除去東南角的雜草」，這時就能體會這種「共存」是多麼浪費時間。如果有一百萬件事影響你的工作流程，新企業經營者的最佳對策就是維持單純。如果你的計畫有某個面向對生產力沒有幫助，就把它刪除。

有些方法看起來似乎很有效率，但實行起來沒那麼好。有時你必須弄清楚問題，才知道如何最佳化。例如我們設計旗艦農場時，弗蘭納擴充種植空間並增加收益的計畫，有一部分是把每個畦床的寬度大幅提升到一．五公尺。弗蘭納和山茲都是又瘦又高，但我的身高只有一六〇公分，當弗蘭納提出這個計畫時，我表示這樣做會有問題。採收後，有好多個早上我不斷發牢騷，認爲要是搆得到畦床對面就能採收更快，還有好多個下午爲番茄株搭棚架時，滿臉都沾了番茄汁液，我的臉也臭得不得了。

腰痠背痛六個月後，團隊中身高較高的成員終於承認，畦床眞的太寬了。有這種感覺的不只是我們矮子，一．五公尺寬的畦床對某些作物而言也不合理。對於矮茄子和高番茄等根系較深的植物，這個寬度不夠種三排，但只種兩排又太浪費空間。於是我們就拿著鏟子開始挖掘、修改，把一百二十個畦床改成兩百個。爲了彌補增加許多走道而損失種植空間，便把走道寬度從四十五公分縮小成四十公分。整個工程花了一星期，接著再種下幼苗。這個工作辛苦又繁重，但三個月後採收時，我們回想起來一點都不後悔。

我們當然會盡量避免農場完成後更改設計，因此有了旗艦農場的辛苦經驗後，學會投入更多時間想像自己在空間裡工作的方便性。我們設計位於布魯克林造船廠的第二座屋頂農場時，花了很多時間研究入口在哪裡，以及清洗包裝站距離電梯有多遠。出口應該接近冷藏室，冷藏室當然應該接近清洗站，清洗站則應該有遮蔭。多花一分鐘從清洗站走到冷藏室看來或許不算什麼，但如果工作人員一季要走幾千次，而且經常要拿著採收箱，箱子裡還裝著沉重的紅蘿蔔和小黃瓜，這時就會知道影響效率有多大。若一開始就在企業中設計簡捷的做事方法，可讓大家工作更輕鬆，而不是更辛苦。

我們一直在思考如何改進勞動效率，同時確保工作成果能提高產品的利潤。我們規劃旗艦農場時，分配較多的空間給獲利較高的青菜、香料植物和番茄。可爲農場攤位招徠客人或吸引CSA會員繼續訂購，但價值較低的作物分配到的空間比較少。我們必須這麼做，因爲屋頂農場沒有什麼空間容許異想天開。

弗蘭納的義大利南瓜計畫是很好的例子。我們的朋友也是客戶朱塞佩提到，他想買這種少見的義大利珍貴食材，我們答應種一些給他。這種瓜非常少見，大家都喜歡拿這種一公尺長的葫蘆在我們的攤位照相。不過我們的業務不是照相，而是賣蔬菜，而且它耗費的時間和空間都超過我們的能力，實在很難繼續種下去。

不過，雖然我們了解南瓜獲利不高，但義大利南瓜影響收支平衡絕不只是感覺。我們知道種植義大利南瓜的單位面積利潤，因爲弗蘭納仔細記錄它的資料，還爲它編列預算。預算編列是農民的重要記帳方式，這種方式不是把農場視爲整體，而是分別計算每種作物或計畫的獲利和損失（再強調一次，韋斯瓦爾的《有機農民事業手冊》是非常棒的參考書）。因此，一份完整的預算編列不只要計算某種作物單位面積的價格，還要計入種子、肥料、照料所需的人工成本，以及塑膠箱和小容器等包裝材料，或是用來捆紮的橡皮圈等成本。

弗蘭納把每種作物的資料整理得井然有序。我們設定數位記帳服務QuickBooks之後，追蹤過程變得簡單多了，但使用這項服務之前，弗蘭納把每個大批發商或市場的資料輸入試算表。一季結束後，就能比對每種作物的種植面積和種下的日期、開始採收的日期，以及帶來的收益。如果分配五．五平方公尺給義大利南瓜，成熟時間是三個月，也就是三分之一季，但收成只有四．五公斤，每公斤是九美元，那麼這種南瓜每平方公尺的整季收益只有二十二美元。而且要達到這樣的收益，其餘三分之二的生長季節還要持續栽種才行。但這樣就沒有多少時間準備畦床，更別提還要花人工搭棚架及除蟲。我們的目標是第一年、每平方公尺收益三十美元，還要隨獲利率提高而逐步成長，義大利南瓜距離這個目標相當遠。

我們知道種南瓜很有趣，而且眞的很愛南瓜，但如果種南瓜抵不過租金，就是不能種。除非有確實數字，否則不會知道種南瓜是否抵得過租金。農民或許會憑直覺，以作物是否健康、美味，或受歡迎來判斷是否成功，而不考慮種子、肥料和投入的勞力成本，但這樣對了解獲利能力而言不夠精確。儘管如此，如果某位主廚喜歡某個農場的作物，或許會成爲它的忠實顧客，或許我們需要爲義大利南瓜建立帳戶，以便銷售其他獲利較多的青菜，但並不表示應該虧本來種義大利南瓜。如果朱塞佩眞的希望我們種，而我們又希望每平方公尺收益至少有三十美元（其實應該再多一點，因爲這種南瓜很花人工），就必須賣他每公斤超過十五美元。如果他願意付這個價錢，我們會樂意實行這個計畫，否則屋頂農場就沒辦法種。朱塞佩自己也是中小企業老闆，可以體會我們很重視收支平衡，即使他不願意付這個價錢，也不會因此而不高興。

無論種南瓜還是組裝自行車都一樣，如果沒有對每樣產品編列預算，就無法充分掌握企業狀況。我們相信要經營可獲利的農場，只有一樣東西與植物一樣重要，那就是資料。我們認爲耕作就必須獲利，對於現在愈來愈多的小農，我們的建議是，農民應該以企業的獲利能力來判斷是否眞的了解收益和開支。這個概念適用於所有產業。我們必須了解一項產品需要哪些資源，以及帶來的價值。這兩者最好能達到適合的比例，否則這項產品就會造成虧損，而剛起步的中小企業不容許產品造成虧損。種植蔬菜都會耗費資源，如果不能比較收益和資源，就不知道哪種蔬菜是否能成功。關鍵是找出哪些部分眞的成功，並刪減無法直接帶來收益的非必要工作。

當你有一堆急事必須處理，大家又要找你時，要先知道哪些是必要工作可能有困難。即使是重視獲利的農民也會在種植季節發現，已採收一大堆保存期限不長的番茄，又看到枝幹上有更多番茄愈來愈熟，如果這時暫停採收或出貨，以便記錄每種番茄品種和最近銷售或產量的資料似乎有違常理。不過這些都是重要資料，可以協助農民判斷是否值得繼續種番茄，如果答案是肯定的，下個季節就可以把淨利提高幾個百分點。

我們當然不是最先評估資料的農民。人類早在開始耕作時就開始記錄種植日期、採收日期、產量與氣候波動資料。我們走進十八世紀穀倉，可以看到牆壁上潦草畫著只有當年的繪者才看得懂的作物清單和符號。與傳統小農的差異是，現在以獲利思維當成指導原則正逐漸興起。拜韋斯瓦爾等專家之賜，農業很快就揚棄耕作是鄉間窮人的工作，或想賺錢就是貪財的想法。韋斯瓦爾主張，農民只要夠精明就可以靠種植和銷售獲得很好的生活。

現在的農民很重視能提高獲利的後端工作。有一句話我們很不喜歡，但秋天時至少每天會聽到一次：「哇！整個冬天都不用工作，一定很棒。」其實夏天和秋天是最忙的時候，此時必須追應收帳款、注意收支平衡，尤其我們的財務長梅麗莎・庫佐伊恩（Melissa Kuzoian）忙得不可開交，十二月和一月是她最辛苦的月份，這時候要協調各類費用、發獎金，並把帳簿送交報稅人員。弗蘭納經常說：「冬天是我們賺錢的季節。」此時我們仔細檢視業務，改善上個季節的工作，同時規劃下個季節的工作。在種植季節執行計畫當然是辛苦的工作，但也相當有趣。我們眞正的成就其實是在冬天時的辦公桌上。

對於想離開六位數美元年薪、日光燈照明辦公室，去擁抱農業的浪漫讀者，我們必須忠告他們一個事實。當QuickBooks打破唐吉訶德式的夢想時，我們一點都不開心，至少沒有像喬艾爾・薩拉丁（Joel Salatin）那麼開心。這位農民因爲麥可・波倫（Michael Pollan）的《雜食者的兩難》和經營著名的波里菲斯農場（Polyface Farm）而出名。他建議無法調和資本主義和環境主義的人不要從事農業。儘管他的綠色政治立場十分堅定，但這位自稱是「基督教自由派環保資本主義的狂熱份子」，絕不放過任何機會告訴讀者，耕作是一種商業。他在自己的書《你也能當農夫》（*You Can*

Farm）寫道：

雖然耕作可以看見燦爛的日落、新生的小羊在苜蓿叢中嬉戲、南瓜上的霜，以及聖誕時節松樹上的積雪，但錢也很重要。耕作要有自營者的嚴格紀律，要懂得分配資金，學著不要小氣但「緊縮」。如果這些「商業」觀念對你沒什麼吸引力，建議你不要靠耕作為生。

我們喜歡「不要小氣但『緊縮』」這種說法，此外也謹守「有策略」和「節約」的工作準則。我們成立企業的最高原則是：城市的屋頂農場一定要能獲利，否則就退出市場。屋頂農場成立後最初幾年，我們已經不只是精明，而是非常小氣！因爲沒有錢，所以別無選擇。我們小氣到屋頂的強風把灌溉管線吹到畦床、壓壞幼苗時，解決方法是買一大把衣架，再花半天時間扭開衣架，剪成適當的尺寸，再彎成需要的形狀。爲了省下買灌溉固定釘的十二美元，連手都磨破皮。當然我們應該花錢買，花費的時間其實比省下的錢更有價值。

一開始，我們沒有學會重視時間的價值，這對中小企業經營者並不容易。你自己是變數，能完全控制的元素就是自己，但沒辦法控制天氣、沒辦法加快種子的運輸速度，可是能在種子遲到、風又非常大，種子兩天沒辦法運來時，只能工作十六小時趕進度。你自己是最珍貴的資源，但如果太逼迫自己就會破壞這個資源。最近我們沒有五點鐘就打卡、跑到酒吧放鬆，但已經比較重視自己的生活，開始減少工作量。當你把眼光放遠，觀照全局，你認爲重要的事情可能會出乎意料：固定灌溉管線可能很重要，結果你在加工鐵絲衣架時割破手，爲了等傷口痊癒而一個星期不能用那隻手。這時你會覺得寧願當初花錢買固定釘，或是乾脆讓風把管子吹走，打壞價值一百美元的作物。

不過，當你像剛起步的企業經營者那麼忙碌時，往往很難見樹又見林。二〇一二年我們建造造船廠農場時，就嚴重忽視了旗艦農場。我們從女兒牆到牆角都種下作物，每星期都增加不少收成，但太專注於建造新農場，沒有足夠時間除草和添加堆肥，結果下個季節的作物出現營養不良和不當競爭的問題。在忙亂的種植季節，我們仍在旗艦農場對抗長得健壯又茂盛的雜草，如果請人每星期除草一、兩天，第二年多出的產量就足以把這筆錢賺回來。

這一堂課很難學會，但我們永遠忘不了：今天有今天的優先工作，明天有明天的事要做，尋求其中的平衡是一門需要花時間學習的藝術。它可能很簡單，只要每天在待辦事項清單加上一件可在半年、一年，或十年後改進的事情。預見未來有時候很不容易，但就算很忙碌，評估未來發展仍然非常重要。聰明的經營者不會只投下心力處理日常事物，而會花時間思考未來一、三年，甚至五年的發展。當你覺得自己連三十秒空閒都沒有，請強迫自己放慢步調，把眼光放在這個星期、這個月、這一年，甚至更久遠之後，是爲日後節省時間的最佳方法。

有時很難決定怎麼做對企業最好，我們在做重大決策時會盡可能深思熟慮，但如果是比較不重要的日常決定，便會做出選擇並接受結果。春天時必須很快做出各種決定，等泥土軟化就開始播種蘿蔔、蕪菁和豌豆等寒季作物。幾星期後，等出現堅霜（hard frost）的危險結束，就開始移植羽衣甘藍、唐萵苣，和洋蔥等耐寒的幼苗。然而我們精心設定的計畫往往會被大自然打亂，因爲它自有規劃。二〇一四年，土地在四月初軟化，我們種下青菜，但四月底竟然有暴風雪來襲，只能驚愕地看著青菜結冰。幸好青菜大多順利恢復，然而在暴風雪過後種下的青菜，反而長得比早兩星期種下、經歷暴風雪侵襲的青菜還快。

蘿蔔和豌豆也是每年春天的重大賭注。如果能比別人更早種下又更早採收，主廚會來搶買，農場攤位也會大排長龍。但如果出現時間較晚又延續數天降霜，提早種下的幼苗會結冰，冰融後便腐爛。耕作其實是一種賭博。你可以查閱天氣預報和農民曆，但種下第一批春季作物時沒人能確定，會碰到連續數天溫暖又晴朗的天氣，或是會來一道冷鋒讓你錯愕。

春季栽植的不確定性最危險的就是它會造成資訊疑義，導致浪費時間。如果詢問中小企業經營者覺得自己缺什麼，我想十之八九會說最缺時間。如果猶豫要立刻種下豌豆或是等幾天再種，即使只浪費十五分鐘，也是在消耗寶貴的資源。

每次要做抉擇就讓我們頭暈目眩，若做了錯誤的抉擇則會寢食難安。要克服這種感覺而不發瘋，唯一的方法是與不完美和平共處。我知道有位木匠在沒有完成當天指定工作時，會安慰團隊成員：「放輕鬆，這不是農產品，又不會壞掉。」可惜這種想法不適用我們這個行業。從終霜到初霜，耕作是急迫的工作，每件事都必須現在完成，否則就來不及。然而弗蘭納也經常安慰愧疚的農場工人：「沒關係，這只不過是食物。」

這並不表示我們不認眞看待作物。出現失去訂單的愚蠢錯誤時，我們都很生氣，但盡量接受這些錯誤，因爲這是唯一的處理方法。如果想控制它，就會變成災難的預測者，原本可以用來完成工作的心力，就會浪費在擬定可能永遠用不上的應變計畫。如果讓這種事困擾自己，還是趁早放棄。

我們的農場當然不是十全十美，我們也學會接受挫折。在屋頂耕作的時間愈久，就更了解種植的條件。這幾年我們發現一件事：土壤乾得特別快。我們的平均粒徑（particle size）相當大，因此土壤的孔隙特別多。小石塊之間的細微空隙可讓水流過，等水排乾之後，空氣就會聚集在此，使周圍的微粒乾燥。排水良好有好處也有壞處：一方面，這個特質有利於在屋頂耕作。土壤排水必須非常良好，屋頂才不會積水，也不會被水的重量壓垮。但這樣也使土壤不容易保持濕潤，我們的畦床不厚，風又很大，因此更加明顯。

排水太好也代表只要下大雨，土壤裡的養分就可能流失。爲了讓讀者了解我們的土壤特質，以下是土壤循環的簡略說明：表土含有許多養分，來源包括腐爛有機物質、雨水，和岩石的礦物質。健康的土壤含有許多微生物，這些微生物吃進養分後再排出植物容易吸收的養分。植物吸收自己需要的養分，但自然環境的植物最後會死亡，葉片腐爛能補足土壤的養分。雨水通過表土石，把微生物沒有吃進去或植物沒有吸收的養分帶進底土，讓扎根較深的植物和生物吸收。

在地面沒有植物，也沒有腐爛組織補足土壤養分的農場，養分通常靠堆肥、改良劑或肥料。最常見的改良劑包含氮、磷、鉀，但有些改良劑只有氮，因爲它是種植食用植物最重要的元素。

在微生物活動旺盛、土壤健康的農場，微生物群落會大量製造養分的細菌，可破壞氮分子強固的三鍵，分解成比較簡單的亞硝酸鹽和硝酸鹽。植物會吸收這些養分，只留下少量養分落入底土或蒸發到大氣。以往，若管理土壤和耕作要成功，最普遍的方法就是爲這些微生物創造有利於生存的環境。

後來有了綠色革命，科學家發現以合成方式製造硝酸鹽的方法。這項發現是農業的重大進展。現在不論土壤中的微生物群落是否健康，植物都能很快吸收氮。可惜製造這類肥料必須燃燒大量化石燃料，以便把大氣中的氮轉換成植物能吸收的形式。人類爲了製造一種資源而消耗另一種資源，而且消耗的資源其實沒有想像的那麼豐富。此外，合成肥料還有另一項長期影響：無論來自合成或天然，硝酸鹽都極易流動，很難固定下來。它的分子結構很容易改變，會很快被吸收，輕易進入大氣並溶入逕流。雖然合成肥料不再需要細菌來製造養分，但對微生物的需求並未完全消除。

施用合成氮時，也會施用化學殺蟲劑和殺眞菌劑，同時採用深耕法，這些都會破壞土壤結構。這些耕作方式就像用汽油彈轟炸城市之後再把它夷平。這套系統先毒死微生物群落，再破壞它居住的地方。少了微生物結構來儲存硝酸鹽再緩緩釋出供植物吸收，爲了維持化學穩定，系統必須施用高於植物實際需求的大量合成肥料，彌補下大雨時流失的養分。雖然作物可吸收一定的量（通常是六〇％），但其餘養分會釋放到環境，汙染空氣及沉入底土。

在紐約農場學校教授「種植土壤」的城市農民茉莉．柯爾維（Molly Culver）指出，合成氮扮演的角色是「工業化農場的代作物生產計畫（pro-crop fertility plan），是廉價但十分重要的元素」。她寫給我的電子郵件如此解釋：

> 此計畫是有機與永續農業的主幹，這項計畫支持多樣但審慎使用有機質、減少土壤干擾與耕種，以及作物輪替（這是讓微生物興盛且具備多樣性的基本要求），以及作物消化養分及把養分轉化成植物可吸收形式的能力。

我們決定採取有機方式耕作，所以盡可能在土壤中加入已經完成的堆肥，讓生態系更能吸引微生物。我們已經在冬季種下覆蓋作物，處理積雪融化逕流造成的養分流失問題，此外也施用魚肥，這是以液化魚雜（去掉魚肉後剩餘的頭部、骨骼、鱗片和內臟）製造的有機添加物。這是一種多元添加物，農民定期施用或許可以吸引微生物。屋頂農場開張第一年產量非常大，我們花許多心力讓銷售速度趕上生長速度。

但到了旗艦農場耕作的第二季，我們發現有個問題：甜菜長不出來。甜菜會長出葉子，但根部很小，而且硬得像石頭。「一定是土太淺的關係！」當時我們自我安慰地這麼想，或許有點天眞，因爲甜菜前一年長得不錯。等到芝麻菜也開始出問題時才知道，土壤太淺的想法太過一廂情願。我們責怪自己花太多時間規劃造船廠，用在添加堆肥改良土壤的時間不夠多。也可能種得太多太密，土壤裡的養分不足，而且沒有很有效率地更換作物。我們大幅擴充堆肥計畫，同時建造壓力空氣系統，每三十分鐘噴射氧氣通過堆肥三十秒，加速堆肥分解。甚至還向附近有機供應商購買二十立方碼熟堆肥，倒在大樓的卸貨平台，鏟進五加侖的桶子，再運進電梯送到屋頂。

當時造船廠農場設計工作進入緊鑼密鼓階段，弗蘭納問土壤製造商Rooflite的創辦人之一喬・迪諾爾西亞（Joe DiNorscia），準備在新農場使用的配方是否能調整有機質與浮石的比例。有機質涵括土壤中非岩石和礦物成份，就是擁有生命的物質，例如昆蟲、木料和眞菌。儘管有機質在表土中只占小部分，卻是大部分營養的來源。有農業背景的迪諾爾西亞了解弗蘭納的請求，便找Rooflite的土壤科學家想辦法解決。

不過，爲了減少責任、讓產品和造景土壤有所區別，認可綠化屋頂介質的管理機構有一定的重量和孔隙度標準。起初大家都束手無策，只能使用原始配方。不過弗蘭納沒有放棄，在迪諾爾西亞和Rooflite土壤專家的支持下，同意把培養土中的有機質增加五〇%。改良後的新「銀強化」（Intensive Ag）配方，銷售的對象是在屋頂或露台種植箱等低總重區域，栽種食用作物的農民。我們看見第一批作物出現在造船廠農場時，才確定已經在問題出現之前解決掉了。這些作物都長得好大！萵苣有臉部的兩倍大，唐萵苣的葉子有手臂的兩倍長。我們心裡想著：讚美上帝！

二〇一四年夏季的某一天，我們在造船廠屋頂種植作物到第二十七個月時，弗蘭納與廠經理卡倫德一起走在田裡，看見一個令人恐懼的景象：芝麻菜變成紫色。有些葉脈出現少許紫色，有些則整個都是淡紫色。葉子的顏色愈紫，發育愈差。他們看見兩年前在旗艦農場看到的紫色葉子。我們不能放棄種植芝麻菜，芝麻菜是獲利最高的作物，也是主廚特別喜愛的食材，在屋頂農場有特殊的辛香氣味。

弗蘭納很沮喪，他以為已經解決的問題再度出現，又面臨無法供應長期訂單的問題，只好趕緊寄照片、附上簡短說明給艾略特．柯爾曼。柯爾曼是美國農業最傑出的有機栽種者、教師、研究人員、政策顧問，以及工具開發者（我們使用的精密播種機和畦床滾壓機是他的作品）。幾個月前，弗蘭納拜訪柯爾曼在緬因州的農場時認識他。

柯爾曼覺得這個問題看來像缺氮，因此建議我們挖掘壕溝，在同一塊畦床上使用高級盆栽培養土、純堆肥和我們自己的配方，三種土壤各種一排芝麻葉來測試。這個點子很好，完全符合我們學到的資料蒐集法，但要兩星期才能判定結果，到時候作物可能都死光了。

柯爾曼不是我們唯一徵詢的對象。幾星期後，弗蘭納打電話詢問從事農業的朋友。迪諾爾西亞指出問題與氮有關，他有把握「銀強化」配方在耕種兩季後養分應該足夠，所以他建議取出植物組織樣本，判定問題是土壤中缺少氮，或是土壤中有氮，但作物吸收不到。

最後，在加拿大開設城市農場的寇蒂斯．史東（Curtis Stone），建議我們使用成份只有氮的肥料，不要使用綜合性氮磷鉀魚肥。他特別偏好血粉和羽毛粉，這兩種肥料非常適合有機農作使用（但血粉味道比較重）。使用這些改良劑的畦床顯得健康多了，但就在我們鬆一口氣時，組織樣本送回來了。檢驗結果讓「紫芝麻葉之謎」變得更加神祕難解：紫色芝麻葉組織中的氮十分充足。我們的農場到底出了什麼問題？

這些土壤問題出現前幾個月，曾經在旗艦農場進行空氣品質檢測的康乃爾大學科學家湯瑪斯．惠洛（Thomas Whitlow）打電話來，他的研究團隊裡有位優秀的博士候選人想研究這座農場。他們獲得爲期三年蒐集資料和分析的經費，範圍包括氣象站到水分感測器等各種設備。我們正好需要這類資訊，所以同意讓他參與，就這樣認識了原田芳樹（Yoshiki Harada）。

經過簡短電子郵件說明後，弗蘭納與原田約在二〇一四年冬末某天，在造船廠農場見面。弗蘭納沒看過原田的照片，見面當天他站在卸貨平台上等原田。當時很早，農場很安靜。四周只有一個人，弗蘭納認爲可能是愛迪生（Con Edison）或其他機構的員工，他穿著有反光條的螢光背心，維修人員經常穿這種背心，讓來往的車輛和列車容易看到他們。弗蘭納等了幾分鐘後有點焦躁，決定打電話給原田，撥了電話號碼就聽到一陣鈴聲，但鈴聲不是從電話裡傳來，而是出自左邊的維修人員口袋！他們兩人握過手後，弗蘭納看見他胸前口袋至少有四支簽字筆，下面的口袋是一塊小白板，看起來好像只有十六歲，笑容似乎能讓冰融化。弗蘭納知道自己與原田氣味相投，期待這位頗受讚譽的哈佛研究生會提出很棒的方法。他們走上樓，在辦公室坐下，原田拿出一大疊農場的谷歌衛星影像，此時弗蘭納很驚訝，他果然準備齊全。

幾個月後，原田與我們這個古怪家族處得很好。他有兩套衣服，一套是在那個料峭春天早晨穿的反光服裝，另一套是夏季制服，包括黑T恤、黑牛仔褲、黑皮帶、黑襪子和黑鞋子。後來我們知道，這些上衣是他弟弟從日本寄來的，他整個櫃子都是這些衣服。無論天氣多熱，永遠都是一身黑。他擁有都市工程和景觀設計兩個碩士學位，對工作很投入，但原田當初為什麼選擇研讀生態學，則有點讓人難以理解。他承認自己不喜歡大自然。這不能怪他，大自然似乎也不怎麼愛他。他到此地最初幾星期至少被蜜蜂螫過三次，其他人則毫髮無傷。但他堅持下去，每天帶著插著鉗子和斜口鉗的腰帶到屋頂農場，爬上一道道梯子，在隔牆上安裝衛星天線，以便把資料傳輸到康乃爾大學。

我撰寫本書時，原田已經在我們的屋頂農場研究一年，他蒐集的資料非常有價值。我們感謝其他農民多年來慷慨分享他們的智慧和心得，不會因為太忙而不接面臨新挑戰的年輕農民打來的電話或不回電子郵件。以往沒人在相同的條件下耕作，沒人在屋頂農場人造生態系中種植食用作物。弗蘭納的知識和好奇心，讓我們走得比許多人的預期更長更遠，但為了讓事業和屋頂耕作模式繼續成長，我們需要蒐集更多資料。

與學術機構合作很花時間。麥特在二〇一四年的種植季節，花了無數小時剪下葉子送到康乃爾大學實驗室讓原田分析。弗蘭納花更多時間查電子郵件，尋找一篇可能有幫助的舊文件，以便轉寄給原田與他的團隊，或是介紹他們認識Rooflite的土壤製造人員，讓他們比較原始土壤成份和目前的養分濃度。如果問我們這幾年學到什麼，我想應該是：資訊就是力量。無論這些工作看起來與即將採收的番茄多麼無關，我們在農場上最重要的收穫其實是資料。

給急著想知道紫色芝麻葉究竟怎麼回事的讀者：組織樣本檢驗結果送回來了，謎底已經揭曉：問題是缺鉀。鉀很容易溶解和流動。此外，鉀可以促進新生細胞成長，因此取得組織樣本變得更複雜，而且可能造成誤導。因爲這些芝麻葉缺少鉀，長得比較慢，也就是所有養分聚集在更小的空間。因此，儘管表面看來氮是足夠的，但其實它在爲數較少的細胞中分布不廣，檢驗濃度時讀數便提高了。這當然可以解釋我們施用成份只有氮的改良劑時，芝麻葉的品質確實有改善。

此外，我們添加堆肥和有機肥時，氮濃度可能激增後又陡降（鉀和磷的濃度也一樣），因此很難取得精確的讀數。我們知道此狀況後，就了解這些測試的信任度和我們的觀察力與對農場的理解。有一點十分明確，屋頂農場的養分正在逐漸流失。

這是綠化屋頂農場的矛盾：減慢降雨通過農場的速率，在逕流進入地下管道之前，先讓下水道系統處理尖峰流量的降雨，從而減少紐約的總汙水溢流量。但這些水帶走土壤養分的速率，反而會比停留在系統中的水分更快。讓綠化屋頂產生效用的氣候特色，反而使我們容易受影響。我們愈容易受影響（也就是紐約的雨下得愈大），土壤中的養分流失愈多，我們受到的影響就愈大。

如果繼續研究這個特殊狀況，結果可能不只會影響我們的事業，還會影響紐約的高架公園和行道樹等其他興建中的景觀。氣候變遷改變了全世界的天氣，原田的發現和我們運用在屋頂農場的技術，或許同樣適用於地面農場。地球上許多地區愈來愈熱、愈來愈乾燥，我們的發現或許能協助許多研究探討，如何在更熱、更乾燥的環境下管理土壤。更厚的積雪（以及其後的融雪）可能導致養分流失，進而影響冬季降水較多地區的土壤品質。

無論如何，我們知道這是一場硬仗，但決定盡一切力量讓農場永續經營。對我們而言，這點沒有商量餘地。然而該怎麼做？就此放棄，離開辛苦建立的事業？不行，我們一定要繼續經營這幾座屋頂農場，而且必須非常努力。我們的職責是盡力忠實地管理農場，所以必須繼續蒐集各種資訊。除了是農民身分，我們現在成爲科學家、偵探，以及每星期到郵局寄送樣本到康乃爾大學實驗室的常客。不過，我們絕不讓這些次要和更次要的角色影響主要目標。大多數日子，我們低頭努力工作，接受農場並非十全十美。我們遭遇挫折時常說：「完美是把事情做好的大敵，完成比完美更重要。」

從事農業最棒的一點就是，每年春天都有機會重新開始。與弗蘭納一起開設鷹街農場的安妮·諾瓦克稱爲：「一年一度的農業大赦」。製造健康的土壤是持續不輟的工作，但我們大多數工作是暫時的，每年春天都有機會可以改進，有新的CSA會員要供應、新的作物要試種，有時甚至有新的屋頂要變成農場。不是每個企業都這麼有季節性，但無論組織運作多麼一成不變，一定會有機會改進。每個經營者都應該退後幾步看看自己的作品，公司的記錄方式愈完整，這樣的思考愈有用。

重點是不要因爲不完美而洩氣。人們很容易因爲某件事失敗而對自己感到失望，但如果因此影響你做其他工作，或是沒辦法思考怎麼把事情做更好，你的事業就永遠不會進步。大家都希望自己更好，因此談到如何運用時間和資源時，會對自己吹毛求疵，而且會實際一點。

這也表示我們必須體認，從錯誤中學習是創新企業的必經之路。應該寬恕自己犯錯，只要能從中學習，就可以把這些錯誤視爲成長陣痛，並相信因此能成爲更健康的企業，而不是變得更糟。

屋頂農場的工作並未與外界隔離，這對我們很有幫助。人們對自己的工作往往很難客觀，但我們很幸運擁有多樣性的團隊，而且這幾年業務成長、成員增加，多樣性變得更明顯，因爲大家都有不同的觀點、希望農場變得更好的領域也不一樣。我們尊重老闆，但不羨慕他們。在工作中遇到困難時互相幫忙，讓事業變得更強大。我們是彼此的後盾，協助彼此變得更有眼光。這種對屋頂農場和彼此的共同承諾，讓我們的事業更加興盛，年年成長。

第六章

我們都是農家人

——培養我們的團隊

創立布魯克林農場時如果有人告訴我們，與別人開公司就等於是一家人，我們或許就不會簽下經營協定。我們每個人都不一樣，經營風格也迥然不同。有時候，唯一的共同點只有堅持己見且跟牛一樣頑固。不過我們有個共同點：尊重彼此。我們知道，如果沒有每個人的貢獻，這座屋頂農場不會成爲現在的樣子。共同承諾、彼此互信，讓我們成爲一個團隊，但我們更想稱呼自己是農家人。

我們規劃屋頂農場時分成五個團隊，分別是弗蘭納、山茲、我、帕拉奇尼和赫伊。屋頂農場完工後，帕拉奇尼和赫伊回去經營羅貝塔披薩屋。這家披薩屋已經成了名店，爲了因應社區不斷成長的需求而快速擴充。此外，帕拉奇尼一直表示，我們運作上軌道後他就退居二線，因爲羅貝塔的事情很多，而且他對啟動計畫的興趣遠大於經營屋頂農場。有些人喜歡協商和啟動計畫，有些人比較喜歡處理日常事務，帕拉奇尼顯然屬於前者。雖然帕拉奇尼和赫伊不參與管理，但還是擔任顧問，而且羅貝塔披薩屋是我們相當重要的客戶。

羅貝塔的人離開後，弗蘭納、山茲和我分配營運工作，實施員工計畫。弗蘭納是農業主任和公司董事長，我負責傳播、公眾規劃和活動（就是對外事務），山茲負責設備、辦公室管理和會計——最後一項其實她不大情願，是勉強接下來的。她不是很有興趣每星期處理財務報表、到銀行開戶或是存支票，但這些事得有人做，而且我們沒有預算請人做。公司成立時，需要處理的事情多如牛毛，以上所提的「工作內容」不足說明我們每人的責任範圍。山茲和我每天到田裡與弗蘭納一起播種、採收，還要負責農場攤位，山茲有時還要開小貨卡送貨。弗蘭納協助山茲的會計工作，還要注意帳簿、開立每一筆銷售的發票，必要時還得自己去收取未付款。在我們的字典裡，絕對不會出現「這不是我的工作」。

可惜，我們已經沒有預算可以支付薪水給山茲或我，這點在我們進入公司時就知道了。我們貸款買許多建造屋頂農場需要的材料，現在還必須付貸款，而且前幾個月還在等待第一批作物生長，營收不多。另外，必須有一個人可以領薪水，讓他能每天全職處理這裡的工作，而不需要分心去兼差賺錢。這個人就是弗蘭納，他幾乎把所有清醒的時間都投入屋頂農場，甚至犧牲睡眠時間。他沒有時間做另一個工作來養活自己，所以他的薪水必須可以支付房租和食衣住行等基本開銷。

這差不多相當於我們頭兩年的營運預算，包括房租、保險、支付貸款、種子，以及弗蘭納的薪水。山茲和我做許多農民（與許多新手企業主）會做的損益兩平方法：從事屋頂農場之外的兼職。山茲到羅貝塔當栽種工，這還可以理解，因爲她可以把規模經濟運用在工作：要幫某家農場訂購材料嗎？何不同時幫兩家農場訂貨，可節省運費，只要付一半錢給先支付全額的一方。

我的工作有點複雜。我前老闆在市區開一家義大利小酒館，我在那裡當調酒師；早上到屋頂農場上班，跟弗蘭納和山茲照著訂單採收，接著沖洗、包裝和開立發票；稍微梳洗後就拖著一大疊箱子進地鐵，承受乘客的怪異眼光，到達餐廳後把蔬菜直接送到冷藏庫，繫上圍裙，接下來六、七小時不斷搖著飲料，或把當天採下的青菜送給客人。大約凌晨一點到家，我累得要命，八小時後再回到屋頂農場上班。不知道爲什麼，我還找得出時間回覆每星期收到的幾百封電子郵件，和帶領好奇的訪客參觀農場。我們一天工作十四到十六小時，每週工作六天，有時甚至七天。這麼大的工作量，不用多久就會累壞。即使投下這麼多時間也不夠，我們需要人幫忙。

果然有人要來幫忙！我們位於紐約，此地有許多聰明又富企圖心的人想學習農業。首先到這裡的是羅伯·雷泰納（Rob Lateiner）。

二〇一〇年二月他寫電子郵件給我們，比旗艦農場鋪土早了三個月。信中他說，在紐約州冷泉鎮的格林伍德農場工作，想開一座屋頂農場，但還沒準備好「落地生根」。他在媒體上看到我們的消息，也想加入。我們中意他有耕作經驗（會不會落地生根沒有關係）。第一季時，羅伯在農場的時間不遜於山茲或我。他和弗蘭納形影不離。看他見到畦床發芽不佳時深鎖的眉頭，就可以了解他對農場多麼投入。一段時間後，他挹注資金在這座農場，成了公司股東。第一季結束時，他決定自己開設農場，搬到美國西岸研究葡萄栽培，但仍然是我們的好朋友和合夥人，每年都會過來敘舊。

羅伯寄來電子郵件後兩個月，我們又收到一個幸運的訊息。她是來自新學院（New School）主修環境研究，主題是都市生態系和永續設計的大二生海斯特·葛瑞芬（Hester Griffin）。更棒的是，海斯特很有創業精神，因此向學校取得贊助經費來這裡工作，所以她不只可以來一季，第二季也會來，帶領人數不多但持續成長的實習團隊。她後來在緬因州的四季農場與艾略特·柯爾曼做研究，現在則在皇后郡農場博物館工作，經常過來造訪。

羅伯和海斯特出力協助我們經營農場，尤其是第一季，但日常營運就像一般經營中小企業只是一部分。我們開業之後，帕拉奇尼和赫伊回去經營羅貝塔披薩屋，我們發現要做出全面性決策時少了兩個人。由於我們採取積極擴充的經營模式，所以必須把眼光放在全局。對剛起步、資金不足，必須花時間和精神處理營運細節的小企業，要能綜觀全局並不容易。要企業營運新手思考下一個重大步驟，就像問睡眠不足的新生兒父母，什麼時候打算再生一個。

所以我們知道，認識柴斯·伊蒙斯，一定是命運的安排。

我們開業後約一年才擁有管理團隊，不過這個管理團隊是十五萬隻蜜蜂。幸運的是，這些蜜蜂都很聽一個人的話，他就是伊蒙斯。身上穿著防蜂裝，擁有二十年商業經驗，像高中生最後一天上課一樣活力十足。

伊蒙斯與我都是城市小孩，經常笑自己小時候很怕蜜蜂。不過人生有時就是會把我們帶到意想不到的道路。伊蒙斯比我們年紀略大一點，踏進城市農業的過程稍微迂迴。他和父親很早就加盟考試輔導機構普林斯頓評論（Princeton Review），後來趁機會加盟獲利甚豐的西麻州寄宿學校。然而，經營這類學校必須在當地居住一段時間，所以他們在阿模斯特附近買下一處有果園的房子。有天，一位住在附近的朋友打電話說：「老兄，我買了一個蜂箱！」伊蒙斯沒什麼興趣，所以問道：「你瘋了嗎？」但他的朋友很堅持，認為伊蒙斯會跟他一樣迷上蜜蜂，最後說服他來看蜂箱。

伊蒙斯果然情不自禁地迷上這種勤奮的生物，以及毫不在意的養蜂人勤奮地進出蜂箱。當然，他剛買了一個果園，需要健壯的授粉者讓果園更茂盛。不到一年，伊蒙斯找到一名良師，便開始養幾箱蜜蜂，他很高興這群新的農場工人提高蘋果樹的產量。

此時的紐約市長是朱利安尼，他在一九九九年把蜜蜂列入「危險動物」名單，禁止在市內飼養。名單中其他動物包括蝮蛇、鱷魚和獅子，任何人攜帶這類攻擊性生物將被處以兩千美元罰款。有些反對者和經驗豐富的養蜂人希望撤除這項禁令。二〇一〇年春天，紐約市終於修改法令，紐約市五個區的養蜂人總算可以光明正大地飼養蜜蜂。

伊蒙斯聽說可以在家鄉養蜂感到非常興奮，但不想只在後院養一、兩箱蜜蜂，當時他看到創造事業的好機會，於是進行市場研究，發現本地蜂蜜的需求非常大。當時紐約市的蜂蜜廠商很少，銷售量最大的是安德魯蜂蜜（Andrew's Honey），但聯合廣場的農夫市集經常缺貨。安德魯農場是推動養蜂合法化的重要角色之一，伊蒙斯訪問了安德魯和願意撥半小時與他聊聊的資深養蜂人，更確定都市養蜂很安全，蜂蜜也美味又純淨。他計算後發現，不需要投下很大資金就能獲得不錯的報酬，因此愈來愈相信都市養蜂是可行的。

二〇〇九年底，伊蒙斯看到布魯克林農場的報導，立刻想到他的都市養蜂場概念可以與我們合作。幾個月後，一位從事都市農業的高中同學寫電子郵件來，介紹伊蒙斯與我們認識。伊蒙斯問弗蘭納是否可以過來拜訪，介紹他的都市養蜂概念。

伊蒙斯到我們的屋頂農場之後，發現自己的方式既散亂又閉門造車，相當佩服我們建造規模這麼大的農場。伊蒙斯小時候經常在曼哈頓西城廢棄的高架線鐵軌遊玩，他和一般都市小孩一樣，非常喜歡神祕的高處空間，覺得有點危險又有點反社會。這座農場正合他的胃口。此外，伊蒙斯相當自豪具有敏銳的紐約人直覺。他說我們是很好的投資對象，他也看到我們展現的價值。初期訪客大多數是道賀的友人，但伊蒙斯已經在想我們接下來該怎麼做。

伊蒙斯所謂的「潛伏」期就此展開。第一天他在屋頂農場四處閒逛，觀察我們的營運，盡可能詢問各種問題。幾星期後，他到屋頂農場吃晚餐。那天晚上非常美，屋頂用燈籠照明，晚餐裝在木質容器，隨意放在鋼鐵樑上。這裡原本是廢棄的空間，我們搬來棧板與木板鋪在平台周圍，向樓下的人借辦公椅。伊蒙斯剛好坐在名叫羅歐的鄰居旁邊，他曾經過來拜訪，還開車帶弗蘭納四處兜風。羅歐告訴伊蒙斯第一季耕作的故事：開著弗蘭納油箱有問題的生質柴油賓士轎車，載著蔬菜到處跑；碰到大塞車時，用蘿蔔丟向擋住去路的貨車；用彈性繩子把三層箱子綁在貨車上；運送番茄時路上滿是坑洞，載的東西又多，結果排氣管鬆脫拖著地面，等等。

這時候伊蒙斯著迷了，他想加入農場。這種感覺完全是互動的，我們欣賞伊蒙斯以合法養蜂創造事業的決心，他則感覺法規改變代表這個行業將起飛。他看到的機會不只可創造營收，也可以加大紐約市的蜜蜂群落。他和我們都認爲新文化運動正在萌芽，其中有很多商機。他做過風險評估、算過數字，以財務和社會觀點思考，他非常有創業精神。

幸運的是，我們剛好保留一部分股份，以便在現金短缺時派上用場，所以我們開始商議合作。伊蒙斯說，首先必須處理車輛問題，毛病多、冷氣壞掉的生質柴油車不適合送貨。他有一輛道奇Caravan休旅車打算出售，所以我們查了中古車價格，當時是兩千美元，並把它計入交易中。接下來，他提出應該增加蜜蜂數量。當時我們有一箱蜜蜂，由我們的朋友管理，足以爲我們的田地授粉，但伊蒙斯認爲這樣就少了在產品中增加蜂蜜的機會，如果多養幾箱蜜蜂，就能賺進不少錢。弗蘭納檢視蜂蜜的資金成本和預測營收，對一些相當看好的數字印象深刻。所以經過幾次計算，我們達成市值交易：我們把保留的股份讓渡給他，交換四箱蜜蜂、一輛休旅車，以及少許現金。

這是一項低承諾交易。我們開始一起工作和執行養蜂計畫，而不是深度合作。弗蘭納、山茲和我很保護剛起步的事業，還沒有準備迎接認識不深的新人。伊蒙斯儘管很熱情，但也不會一頭栽進責任非常繁重的交易。不過到了第二年，在布魯克林造船廠成立第二座農場的機會愈來愈成形，同時準備進行第二次集資時，我們發現伊蒙斯正好可以強化我們的能力。他很喜歡傳授養蜂知識，我們也很喜歡學。不過最重要的是，他在群體中創造一種平衡和目標性，同時帶來全新的觀點看待我們所做的一切。

伊蒙斯四十多歲，儘管看起來比我們年輕（體型精壯、熟悉流行文化和社群媒體），但我們當時才近三十歲。多一個人來幫忙，讓那些西裝筆挺的人相信我們的能力，當然是好事。此外，當事人比較難以體認自己的成就，如果必須用盡全力才能達到這些成就，往往更不會想再次創造這些成就。不過伊蒙斯是新人，沒有經歷過我們在集資、選址，和建造旗艦農場時投入的血汗和眼淚。他只看見我們努力的成果，沒看到我們的付出。所以他不僅有極大的信心，相信我們一定能再拓展業務，而且會毫不猶豫地大聲宣揚，讓可能幫助我們在紐約市開設其他屋頂農場的人，了解我們的成就。

有些人或許會認爲，以伊蒙斯的經驗而言，他在我們當中應該是理性的聲音，但其實他在內部會議中通常是企圖心最大的思想家。我們辛苦工作一年後，企圖心已不復當初。經營事業的現實讓我們不想再增加工作和擴大範圍。儘管我們經常取笑他的口頭禪：「聽我說，我有個很瘋狂的點子！」但這句話經常促成我們最喜歡的計畫和事業。

伊蒙斯養的每隻蜜蜂，在健康的蜂房中都有自己的角色，同樣地，我們每個農家人，在健康的農場中也扮演重要角色。我們的角色沒那麼多階層，但就像工蜂變換角色一樣，隨著這幾年農場和團隊逐漸成熟，各自具有不同的功能。如同蜂后，沒有領土就沒有意義，沒有蜜蜂辛苦搧風，工蜂採回來的花蜜就沒辦法轉成蜂蜜。我們彼此互相需要。

身爲營運者，我們彼此差異很大。雖然能力不相同，但性格互補，讓我們得以好好經營屋頂農場。例如，山茲的能力很強、效率極高，不到一星期就把貨櫃變成冷藏室，幾小時就準備好所有補助申請文件。她一手打造屋頂農場大部分基礎設施，包括我們的網站也是她無師自通架設的。其實，讓農場蒸蒸日上的是她的態度，她相信完成工作是王道，毫不懼怕。

我跟她完全不同，我是道地的「杞人」，總想到最壞的狀況。我喜歡預先設想一項計畫可能遭遇的各種狀況，擬定很多應變計畫。我認爲應該盡可能規劃十全十美，再把計畫付諸實行，因此我需要時間研究計畫，才決定開始執行。不過這樣會拖慢速度，而速度太慢則可能影響公司。要不是山茲設定輕快的步調，我可能會因爲執著於嚴謹而寸步難移。不過如果沒有我留意細節，她可能會錯失機會或必須立即解決一些問題，而這些問題原本只要仔細擬定行動計畫就不會發生。

伊蒙斯和我相似，或許我們都是能量滿滿的紐約人。只不過他看到的不是可能降臨的災難，而是可能降臨的成功。他對我們的團隊和事業信心滿滿，他常提出一個「瘋狂的點子」，我看到的是困難，他看到的則是無窮的機會。我會提出一堆理由證明這個點子不實際，再列出各種可能出現的問題。他則會提出相反的理由，證明我們應該把握機會，以及這個點子可能帶來的商機。我們會先討論細節、達成共識，再付諸實行或告訴其他成員。我們可能是團隊中最常爭論的兩個人，但爭論一定有建設性。儘管我們爭論很激烈，但合作非常愉快，不只是因爲我的吹毛求疵和他的熱情形成平衡，而且我們互相信賴、尊重和欽佩。我們都很清楚，到了緊要關頭一定會支持對方。

至於弗蘭納，他在團隊扮演的角色很難描述，最好的說法是他能見樹又見林。當伊蒙斯興奮地向潛在合作夥伴宣揚，我們的屋頂農場值得投資時，我的工作是檢查每片葉子，看看有沒有病蟲害；山茲則從育苗場拿來一堆樹苗，像傳奇人物強尼·蘋果籽（Johnny Appleseed）一樣忙著種樹；而弗蘭納……正在綜觀全局，他在預測屋頂農場五或十年後會是什麼樣子。

弗蘭納什麼都做。他做需要體力的工作，也做動腦的工作。他負責規劃屋頂農場，接著實行自己設計的系統。他讓每個人覺得自己各得其所，雖然他不記得每個人的名字。他以身作則，沒人工作比他認眞，但總會記得做領導者最重要的事：傾聽。

量化是困難的技能，對我們這類與社區關聯極深的小型企業卻非常重要。無論手上有多少工作，他總是會參與活動和與他人聊天，隨時掌握最新狀況。他接受的邀請比一般人多出許多，睡得比一般人少。他用心聽團隊成員的聲音，了解他們想做什麼、自己和農場想種什麼，支持每個人的想法。這就是他成為優秀領導者的原因：不是他講的才算數，也不是大家害怕讓他失望，而是團隊成員都知道自己的聲音會被聽見。

弗蘭納除了擅於聆聽，還非常（甚至近乎病態）樂觀。他從不悲觀、不容易沮喪，很容易大笑。我們離開不喜歡的工作來成立農場，這點有助於提醒我們，是因為喜歡它、因為它有趣，所以才做這件事。弗蘭納的樂觀有助於營造這樣的氣氛，即使在極大壓力下（這幾年當然有幾次），我們都能保持心情愉快。農場成立初期，工作非常辛苦，但屋頂農場仍然是我們想待下來的地方。我們會在挑選番茄時，聽著清水合唱團（Creedence Clearwater Revival）的歌；在大熱天辛苦採收時，說著不好笑的笑話；在生意不錯的農場攤位結束營業時，喝一輪啤酒。我們培養的樂觀氣氛，讓自己把挑戰視為令人振奮的機遇，把失敗視為學習的機會。

弗蘭納的樂觀是我們公司文化的核心。公司文化很難定義，但與我們一樣投入許多時間工作的人而言，這點相當重要。公司文化不是開披薩派對，或夏天星期五提早下班，不是公平和平等的有薪產假等福利，也不是公司的使命——當然，福利健全、重視員工貢獻的組織，比較容易形成良好的公司文化。公司文化是一個組織的態度和特性。雖然我們共同創造公司文化，注入自己的個性來形塑組織的特性，但弗蘭納的樂觀是布魯克林農場氣氛最重要推手。他幾乎從沒講過「討厭」，他會和每個人打招呼，不論是參觀農場的未婚夫妻，還是爬上隔牆檢查電線的電梯修理人員都一視同仁。與愉悅、樂於助人，又友善的人在一起會有感染力，而且會擴散到每個部門。我把這種態度當成回覆電子郵件的規則，即使發信者詢問產品卻沒有交易，例如番茄幼苗，我們也不會因爲無利可圖就不理睬，或者冷冷地回「抱歉，沒有喔！」而會提供訊息、建議發信者，可以到哪裡買到紐約市最好的番茄苗。

雖然感謝函可以提升我們的士氣，樂觀氣氛可以讓我們更有幹勁，但愉悅仍然不能取代睡眠。屋頂農場開始營運第一年，我們學到熱情和樂觀態度取代不了休息，此外也發現，我們工作太辛苦了。你能一眼看出弗蘭納沒有睡覺，這可能是因為只有他領薪水，他認為必須加倍付出，但山茲和我不得不拜託他每星期休假一天。我在星期六接手看顧農場攤位，山茲則負責旗艦農場每星期六的參觀日。弗蘭納第一次星期六休假時，他卻在早上九點傳來一封電子郵件，附上三張營收成長試算表。這樣根本沒有休假嘛！弗蘭納覺得自己對農場和員工有責任，所以應該盡量工作，讓布魯克林農場不斷前進。此外，他很喜歡自己的工作，這點相當明顯。這樣的工作倫理——毫不作假、絕對誠實——正是我們團隊蒸蒸日上的因素。

二〇一一年種植季節結束時，我們一貧如洗。除了前一年加入的伊蒙斯可以拿到一些血汗股權，我跟山茲都必須開始領薪水。我們努力工作不只是為了補償，而是知道要讓弗蘭納願意休假，必須先讓他不再覺得只有自己領薪水。幸運的是，我們已經敲定布魯克林造船廠的租約，準備建造第二座屋頂農場，隔年春天可讓產量提高兩倍以上。不過這不能保證可以賺到足夠的錢養活大家。我們知道必須創造營收，否則就無法損益兩平。我們的薪水多寡，必須取決於農場的經營狀況。要不是後來發生的事，我們或許不會做出這麼大的改變，進而開始自給自足。我們或許會繼續兼職，直到確定下個種植季節的財務狀況爲止。

然而，人生有時由不得自己作主。第二個種植季節結束時，山茲有個小嬰兒要照顧，我則因爲每天十六小時搬飲料到樓上酒吧，和搬堆肥到屋頂農場，導致下背部有兩個椎間盤脫出。我們兩人都沒辦法繼續兼職了。我們一直想讓屋頂農場業績成長，讓自己有合理的工作時間和穩定的薪水，但最後種種因素讓我們不得不調整工作。

這裡必須說明，山茲和我並不適合擔任經營者。企業創辦者不見得適合經營企業。當企業逐漸成熟，有時會與創辦者漸行漸遠，這時需要有能力、能滿足企業發展的專業經理人。例如，如果帕拉奇尼不清楚自己適合做什麼事，不專心擴張餐廳事業，而想勉強自己經營屋頂農場，最後可能會發現自己對重複而繁瑣的工作感到厭倦，而且覺得興致沖沖來參觀的民眾很煩。

山茲和我則不是如此，我們本來就在幫忙弗蘭納處理一部分工作。山茲從小就經常做園藝，而且有一年耕作經驗，她總能在弗蘭納外出送貨或開會時，處理農場事務。此外，她能力強、效率高，所以是很能幹的農場經理：她能依照日程購入種子，在發現狀況不對之前除草，而且會計工作沒有漏失。所以二〇一二年弗蘭納必須專心處理造船廠農場時，她就是旗艦農場經理最佳人選。

當時弗蘭納負責業務，連三十美元的訂單都要親自送貨，就沒有時間做其他規劃了。因為我曾在餐廳工作幾年，面對主廚和接待客人很有經驗，便接手處理餐廳的訂單。我和弗蘭納設計一套長期訂購制度，主廚承諾每星期採購一定數量的青菜（這是我們獲利最多的作物），這樣我們就知道該種多少青菜，省下每天買家取貨的時間。此外，我們開始實施最低訂購量制度，雖然這樣對長期支持我們的顧客有點困難。這些做法的成效顯而易見，但之前弗蘭納之所以沒有考慮建立長期訂單或實施最低訂購量制度，是因為他非常老實又很好講話，拒絕主廚對他而言很困難，尤其是長期支持我們的主廚。

我接手後那一年，銷售青菜的營收大幅成長。部分原因是我的時間比較多，而且很樂意接受新挑戰。不過營收增加的主要原因是我專心處理業務，讓弗蘭納可以專注於提高農場效率，可以生產更多蔬菜讓我銷售。支付薪水給我（可以說是投資在我身上）不只讓農場獲得業務主管、活動主任、傳播和公共關係主任（對！我有三個職稱，後來簡稱副總經理），還獲得更專注、成就更好的農業主任。

我們都找到自己的角色。我們了解自己的專長，以及能對屋頂農場的盈虧做出貢獻。我們尊重每個人的自主權。我開始承辦活動時，大多找餐廳的朋友來參加售票晚餐派對，一般大眾參加則要支付五十到六十美元。弗蘭納和山茲發現辦活動的益處，於是詢問如何協助我。我表示需要一張餐桌，讓賓客可以坐著用餐，他們立刻找朋友設計。

我知道他們會支持我，但我承辦活動後事情變得更複雜。參加活動的人不只是要找個地方喝幾杯飲料，而是會花幾千美元找外燴業者和租用空間，這類活動對我造成的壓力比售票晚餐派對還要大。

之前有位客戶詢問租用屋頂農場辦晚餐的事。這類活動有點複雜，而且必須辦得十全十美。我不確定能不能辦好，因爲當時除了一張新餐桌和幾張搖晃的長椅之外別無他物，但我願意試一試。我知道必須花許多時間，而且會對屋頂農場造成負擔，所以我調整了報價。客戶因爲價格而有點猶豫（回想起來有點好笑，我開的價錢是七百五十美元，這在紐約市的私人屋頂場地算是高價），還透過友人找弗蘭納，希望算便宜一點。

後來我與弗蘭納之間的對話有點激動。他堅持應該多掌握機會、多接業務，即使降價也在所不惜。他的論點很有道理：如果我們沒有承辦活動，就永遠沒辦法成爲活動場地。畢竟，我們辦過的活動都是屋頂農場的最佳廣告。我覺得如果辦得不好，反而會變成負面廣告。以顧客願意支付的費用來看，我們能提供的服務與顧客的期望會有落差。我告訴弗蘭納，這樣的期望帶給我很大壓力，而且我只能一人承擔。

最後弗蘭納讓步了，他理解我的看法，無論我做什麼決定，他都會支持。我不再覺得這個重擔只落在我身上，因爲他的支持而信心大增。但我還是降低價格，接下這次活動。這次活動一團亂，但對我是寶貴的經驗。活動開始前一小時燒斷保險絲，屋頂漆黑一片，我立刻打電話給弗蘭納，他放下工作開車到五金行租了一台發電機，在賓客發現狀況之前來到屋頂農場。後來活動進行很順利，賓客也很開心。我們都沒說：「我早就說過了。」我們沒錯，我們都聽進對方講的話。此外，我們在淡季時還進行一段建設性的對話，討論需要哪些資源才能把活動辦得更好。

屋頂農場活動部門的初期發展，只是我們信任與互相尊重的文化之一。弗蘭納、山茲和伊蒙斯，希望我把握機會加快步調。我不認爲這是攻擊或評斷我工作太慢，而是相信他們以此當作信任投票。他們知道我有能力又思考周密，也律己甚嚴。對於他們的要求，我不認爲是批評，而是告訴我，所謂的「還好」對大多數人而言已經是「特優」。他們覺得自己處理某件事的步調太快，或希望在做決定前聽聽別人的意見時，可能就會要求我評估潛在風險。如果他們希望在拒絕別人時讓自己好過一點，一定會來找我。我們以這種方式互相平衡。

但要求完美和律己甚嚴的個性使我變成緊張兮兮，而且表現在臉上。開始承辦婚禮時，我的缺點立刻顯現出來。對新人而言，這是一輩子最重要的一天，但對我這樣緊繃的人而言壓力太大。我擅於規劃活動、處理幕後工作，可是在客戶關係方面，我會讓新人覺得不放心。我一點都不高興，感覺客戶發現了我的焦慮。因爲知道夥伴對我有信心，所以不害怕自己的缺點會減損團隊成員的價值。我承認我需要幫忙。

很幸運，幾星期前以前同事的女兒打電話給我，她叫做蜜雪兒・考夫曼（Michele Kaufman），剛從大學畢業。她問我是否可以跟在我身邊學習。我立刻答應，我很需要有人幫忙傳播、公關、活動，以及業務工作。

我很快就發現一件不大容易接受的事：考夫曼比我更適合這個工作。別誤會，她還年輕。我們剛開始工作時，她非常生澀但很聰明，而且擁有無懈可擊的直覺。她和藹可親又友善，而且善解人意。我發現自己與她的差別是：自信（其實還有經常嚇跑婚禮潛在客戶的焦慮）。她只需要了解一下狀況，獲得一些初步成績，就相信自己與我一樣能幹。她確實如此，而且學習速度很快。

不過最重要的是，考夫曼超級樂觀且非常鎮定。我看過她底下的人發生讓我緊張想嘔吐的狀況，但她臉上還是帶著微笑。除了面對活動客戶時非常鎮定，還有一件事十分重要，就是弗蘭納、山茲和伊蒙斯都非常喜歡她。她討人喜歡又無憂無慮。她從不抱怨，而且很容易因爲新生小雞或新作物而高興不已。她很喜歡這個屋頂農場，誰都看得出來。

考夫曼是個性重於能力的用人最佳範例，而且我們從來沒有後悔。儘管如此，我們還是相當謹慎，尤其是在財務方面。我們不希望還沒賺到錢就要付出一大筆錢，所以決定由考夫曼取代我來擔任活動主任時，決定採取佣金制。理由是，儘管我們很喜歡她，但必須考慮盈虧，而且她沒有經驗。當她在第一季的表現超越預期時，我們立刻決定下一季幫她改成固定薪水，這樣收入會比她前一年拿到的佣金高出不少，不過考夫曼要求繼續採取佣金制。她說這樣對她有挑戰性，而且她喜歡跟自己競爭。這樣可以讓她有明確的目標，而且變得更積極。我們都非常驚訝。

在我們的團隊，依據個性是否適合公司文化決定人選的範例不只考夫曼一人。我們找布萊德利·弗萊明（Bradley Fleming）取代山茲擔任旗艦農場的經理，讓山茲能執行其他計畫。我們選擇他的理由是他永遠都會出現，無論是耕作演說還是一人一菜活動，他從來沒缺席。他得到這個工作的原因是，他比其他人選更有興趣、更有熱情，例如有一位經驗豐富的人選住在同一條街，但從來沒來過我們的屋頂農場。相反地，弗萊明對布魯克林農場的社會層面和食物系統很有興趣，而且這樣的熱情會感染。我們希望讓屋頂農場深入團隊，也希望團隊融入屋頂農場。弗萊明來自CSA，供應的會員有數百人。他喜愛會員甚於工作，也由於他對這項計畫的熱情，我們擴大了旗艦農場的CSA規模。

我們找來取代弗蘭納，擔任造船廠農場經理的麥特．傑佛遜（Matt Jefferson）是個強悍的人。他反應很快、生產力超高，而且喜愛挑戰。傑佛遜不斷要求自己和他管理的農場，所以他擅於處裡壓力很大的批發訂單。我還在做業務時，經常對客戶做出超過庫存的承諾，倉庫有八十五磅青菜，我就會賣給客戶一百磅。最後再寫電子郵件跟客戶道歉，告訴他我必須降低出貨量。若是傑佛遜，他會放聲大笑：「一百磅對吧？這有點辛苦，但我們做得到。」爲了達到這個目標，我們把大部分訂單轉移到造船廠農場。當他把生產力提高到需要找助手時，我們沒有登廣告找有經驗的農民，而是找以前當律師、現在想學習耕作的艾莉亞（Alia）。我們找她的主要原因是，傑佛遜喜歡跟她一起散步。當然她整理畦床，準備種植作物的速度比一般人更快更好。

弗萊明的女助理（我們叫她凱許（Cashew），以便跟考夫曼區分）和弗萊明合作愉快，而活動經理羅賓則與考夫曼一拍即合。我們的團隊形成很自然。當然，我們的員工都是敏捷、能幹又可以信賴的人，這當然很有幫助，但比能力很強更重要的是與大家很契合。尤其是在天氣冷得要命又下雨，又有很多作物要採收時，這時你的同事懂不懂土壤科學不重要，重要的是她準時出現、努力工作，而且在忙碌中還會說笑話。

我們的財務長梅麗莎像是黏著劑。她才二十四歲，擁有財務長這個職稱似乎太年輕了，但她確實已經超越原本找她來擔任辦公室經理，成爲幹練的分析師和可信賴的顧問。財務長（CFO）這個職稱還可以說明她的另一個重要角色：友誼長（chief friendship officer）。我們每次出遊都是由她策劃，她幫所有人買票觀賞紐約小聯盟棒球布魯克林旋風隊比賽，包括每人的伴侶和小孩。她負責團隊的晚餐，爲會議製作現做餅乾，而且因爲弗萊明不吃動物製品和小麥，她還成了素食、無麩質大師。她不只讓每個人覺得自己是團體的一份子，而且是農家人。

在屋頂農場，每個人都能快速彼此認識。有太多工作需要兩人合作才能處理，我們必須幫忙搬運重物，或是提供意見來解決問題，這都遠遠超越工作。當我臨時必須在一年裡最忙的時期搬出公寓時，所有人都會過來幫忙。弗萊明說，他可以開旅行車把我的東西載到新住處。有一天晚上，大家吃過外帶泰國菜之後一起粉刷我新家的牆壁。我們不只在工作時互相幫忙，就算下班後也會這麼做。

布魯克林農場的員工現在都是朋友。剛開始在屋頂農場工作時，大家彼此都不認識，但現在下班後也在一起，因爲彼此永遠處不膩。我們還會一起度假，大家都是好朋友。當你跟其他人在同一塊田地工作、一起揮汗做事、一起解決問題、一起日夜工作，結果就會這樣。當農場經理有一大堆作物要採收但人力不足，其他人立刻過來幫忙，這時你一定會覺得非常溫暖，對同事十分感激。我們經常幫彼此買咖啡，而且知道大家的喜好（除了健忘的弗蘭納之外。他不確定某個人要不要加糖，所以會放一、兩塊糖在杯底，先不攪開來。這樣做很好，但喝到最後……）

我們彼此互相尊重，在許多方面比朋友甚至家人更親近。伊蒙斯和我偶爾會吵架（是眞的提高音量大吼），就像兄弟姊妹一樣。有時這是我們的溝通方式，因爲我們都是熱情、嗓門又大的紐約人，知道這是在發洩，就像伊蒙斯所言：「我們是對事不對人。」

我們之所以能溝通無礙，是因爲我們一開始不是朋友。我們不是因爲想跟好朋友一起工作而創業，而是因爲認爲彼此是擔任這個工作的最佳夥伴。這點很重要，因爲開會時坐在你對面的人不是好友。如果你看著朋友，卻聽見他們說你的部門獲利不佳，這樣會造成認知不一致。我們當初認識時，彼此都把對方當成專業人士，而不是社會性動物。當有人在晨間會議遲到時，我們不會把個人感受放進去。我們不會說：「你昨晚在酒吧待太晚了嗎？」而會說：「請不要再遲到，應該尊重彼此的時間。」在某種程度，這讓我們成爲自己期望的專業人士，而不會讓我們對兒時好友的期望超越對成就的追求。

如果你的工作跟我們一樣忙碌，在休假日暫時離開工作也有幫助。我很喜歡我的工作夥伴，不過坦白講，當連續六天工作七十小時，我在休假日絕對不會想看到他們。我們的大腦需要暫停互動。我們與別人形成小團體，如果經常從工作上的支持轉換成在情感上支持，這樣即使不痲痺，也會造成混淆。當然，有時候我們會扮演雙重角色，例如分手、親人生病等等，我們當然是多年來的朋友和知己。山茲和聖約翰在緬因州結婚時，我們都到場祝賀，大家都感動得哭了。但我們畢竟是事業夥伴，當你生活的其他部分陷入不確定、感情混沌不明、生活一團混亂，這種尊重的支持將是最好的安慰與平靜的來源。我們無法治癒表親的癌症或修補破碎的感情，但可以好好面對事業，而且知道會有三個人感謝和尊重我們。

我們看過許多同事的事業因爲爭執而失敗，但我們安然度過幾次重大意見紛歧，因爲我們的關係建立在共同的動機：讓這個組織成功。我們彼此相信事業是我們的第一優先，所以當意見相左時，不會針對個人。事實上，我們爭執愈凶，就愈尊重彼此對工作的投入。

當然，金錢還是會導致關係緊張，尤其是我們的錢經常不夠，或是做太多但賺太少。不過身為經營者，布魯克林農場的成功是我們共同的獲利。我們只能想像如果有很多錢，狀況會稍有不同：當企業出現百萬以上獲利時，狀況就會開始變調。有一天我們或許會有幸面對那個問題。一個個種植季節過去了，我們的獲利愈來愈多。我們成功的大部分原因是尋求新的投資和更擅於談交易。當我們和擁有商業學位和獨立辦公室的圓滑高階幹部開會時，我們知道自己的優勢：我們有團隊、我們有彼此。

第七章

順其自然

——何時該前進，何時該放棄

在布魯克林農場工作的我們有時也很好奇，外界對我們的第一印象究竟是什麼？我們曾穿著髒兮兮的牛仔褲去開會；山茲偶爾會套著嬰兒背帶，背上掛著一個寶寶；我現身時頭上總戴著腳踏車安全帽，身上傷痕累累的金屬水壺不時發出碰撞聲；無論伊蒙斯去哪裡，都穿著慢跑裝束（我們猜他是怕有人突然邀他來一場即興馬拉松賽）。某次我們到一棟紐約知名大樓參訪，同時要在那裡跟當地規模最大的房產公司接洽，與該公司資深副總裁開會。弗蘭納抵達現場時，手上竟拎了一隻沾滿泥巴的靴子。這些年來，我們接觸過許多西裝筆挺的商務人士，倘若他們曾因衣著打扮而認爲我們不夠正經，那他們可就大錯特錯。

在布魯克林農場創立的前五年，我們走訪許多潛力無窮的地點，也跟不少油嘴滑舌的房地產仲介接洽，不過在寫這本書時，我們只有兩座屋頂農場，目前已鎖定第三座屋頂，正在跟業主溝通。按照原定計畫，我們現在應該要有七座屋頂賣場，雖然目前只有兩家，我們卻不認爲自己經營失敗。反之，自從公司開始營運後，我們累積不少關於簽約合作的經驗。現在大家也體會到，如果眞的在這麼短時間內承租這麼多房產，那才是眞正的傻瓜。

因此，我們現在不會四處尋找適合的地點、跟人洽談開會，東奔西走只想達到公司成立前設下的目標。雖然小心謹愼，但是碰到理想、很有可能合作的新夥伴時，我們還是會當機立斷。儘管夢想遠大，實際決策時還是必須腳踏實地。

伊蒙斯常說，小型企業會失敗的最大原因就是因爲擴展速度太快。這一點絕對不能輕忽，小型企業若是在創立頭幾年小有成就、受人矚目，之後就會有源源不絕的合作邀約，這時業主興奮都來不及了，根本抵擋不了誘惑。只要能夠登上報章雜誌，再到全國公共廣播電台接受訪問，不久後幾乎所有美國東岸的房地產擁有人都會致電邀約。這確實是一種肯定，熬過艱困的草創時期後被所有人捧在手心，這種感覺非常不賴。你或許會想：「如果能在曼哈頓的大樓屋頂蓋一座農場，那可是一大進展。」或者：「如果到費城設立一個分部好像也不錯！」繼續洽談溝通後，你會發現自己又要再經歷一次創業初期的艱困過程，但這次你還得兼顧現有據點，讓它們照常營運。

機會上門時，我們通常會先抱著開放的態度探頭觀望，之後再決定是否進一步合作。多接觸、了解各種機會無傷大雅，不過簽約之後就無法回頭。這個時候，當初看來彷彿夢想成真的各種機會，都有可能變成壓力來源。

前幾季，就有一個這樣的機會找上門。我們旗艦農場的出租者精準投資公司買下一棟位於布魯克林的建築，那棟大樓先前是輝瑞製藥公司的製藥廠。這棟房產規模頗大，而且藥廠需要擺放許多重型機器，因此建築結構相當穩固，大樓的負重程度對我們來說絕對不是問題。此外，我們與精準投資公司已是合作夥伴，與熟識的對象合作，總比跟全然陌生的出租者接洽來得保險。我們對精準投資公司非常忠誠，也相信他們是值得信賴的搭檔。因此當他們主動聯繫，邀我們到那棟大樓屋頂蓋農場時，大家想盡各種方案，希望能順利合作。不過建築物內到處掛著水平測量儀器，工業製品還占去大半空間，怎麼想都行不通。我們告訴精準投資公司沒辦法接下這個案子之後，他們馬上表示有另一位農夫願意合作，而且那位農夫也很樂意申請紐約環保局的綠色屋頂補助，因此精準投資公司會直接與他商談合作計畫。當年度獲補助農民清單公告時，我們都不禁懷疑：難道自己的決定是錯的嗎？難道那位農民在那棟建築裡看到什麼，而我們沒發現的特質嗎？他要怎麼在那裡設立農場呢？

這件事發生在三年前，至今那筆補助款仍然原封不動放在那裡。其中的主要原因，可能是那位農夫後來也發現我們第一眼就看出的問題：那個地方根本不適合改造成農場。知道當初做了正確的決定之後，我們心情確實還不錯，不過那次經驗也提醒我們，精準投資公司所做的各種決策，都是以企業自身利益爲出發點。當然，這一點我們老早就曉得，但是跟合作夥伴愈來愈熟悉後，偶爾還是會忘記他們其實也有自己的底線；與合作愉快、擁有共同目標的公司來往一段時間後，更要把這點記在心裡。對聰明的業主來說，企業自身利益還是最重要的因素；假如情況危急，他們絕對會毫不猶豫，做出對公司最有利的選擇。

雖然如此，能與精準投資公司合作還是非常幸運。與開發產業接洽的這幾年，我們碰過一些惡劣的壞蛋，現在也能分辨誰是精明的生意人，誰是爲了些許利潤出賣親朋好友的混帳。不過最愛耍把戲、混淆視聽的，其實是大型開發公司，他們有許多聯絡窗口與負責人，剛與其中一人混熟，身旁又會冒出各種油嘴滑舌的陌生臉孔。我們第一次與大型開發公司合作，其實是在不久之前。當時有間公司與我們接洽，邀請我們在紐約下東城區的某棟新建高級大樓屋頂蓋農場。山茲花了幾小時跟開發公司開會討論，也依照我們早期經營模式擬定草案：先將營收利潤圖表擺在一邊，把焦點擺在整齊美觀的迷你農場模型，還規劃瑜伽課與辦活動的場地，更將堆肥處理機巧妙地隱藏起來，就算住戶往窗外看也不會發現。大家花了不少時間與開發公司開會討論，他們卻表示如果大樓上方有座農場，汗流浹背的農夫每天走來走去、堆肥飄出異味，晚上玻璃發出哐噹聲，不知道那些主張自由開放、手握大把鈔票的投資客，會不會因此降低購買意願。

我們始終保持耐心，直到開發公司換派第三組團隊來跟我們討論合作案時，我們才終於清醒。負責開發合作案當中每個階段的團隊，其實都是大公司裡的小螺絲釘。每次跟負責計畫的新團隊開會，我們就要從頭把整個想法再說一遍。而且每碰一次面，農場的預定面積就愈來愈小！當他們第十五次提到舉辦活動的預定地，還一邊縮減該地面積時，我們才發現開發公司根本沒把我們的話聽進去。成功設立屋頂農場所需的條件爲何，開發公司根本不了解，甚至沒放在心上。起初，我們還以爲布魯克林農場能透過這個機會邁出一大步。伊蒙斯也主張不管是否眞的合作蓋農場，至少要讓布魯克林農場的名號與這個開發案有所連結，這樣其他公司就會更認識我們，進而了解我們的理念。不過那間開發商提出的企劃愈來愈離譜，而且經手這項計畫的團隊一換再換，這整件事對我們來說只是在浪費時間。就算我們極度渴望合作，也有時間跟他們耗，與這種規模龐大、冷血無情的企業來往實在風險極高。這家開發公司非常執著於利潤，除了數字以外的事情他們都不感興趣。所以對我們這種複雜精細、社群導向的企業來說，這家開發商實在不是理想的合作夥伴。此外，因爲該公司規模龐大，溝通效率低落，我們深知不管如何協商，最後合作出來的成品對我們絕對沒有益處。

不過有時候，剛開始跟某些企業接洽時態度不甚樂觀，但成果卻令人喜出望外。身爲布魯克林農場設計與建造部門的領導人，葛溫對於任何拓展據點的機會，比團隊中的其他人都來得更敏銳。很多時候地產擁有人前來接洽詢問時，葛溫都是第一位回覆。葛溫不僅積極能幹，也很能臨機應變，讓她負責這項工作再適合不過。她從來不會走到大樓屋頂、平台，或是到人家後院、閒置的空地，試圖把我們對農場的想像強加其上。反之，她會仔細觀察，在腦中想像眼前的空間能變化成何種樣貌。

假如空間太小，根本無法設立經濟農場，但業主又渴望能在屋頂蓋農場，葛溫可能會建議他種些原生野花或原生植物，讓授粉昆蟲替植物傳播花粉。假如葛溫能寫出一份不錯的提案報告，獲得補助金，成功替業主打造綠色空間，她就有機會幫團隊爭取更多工作機會。雖然對布魯克林農場來說，能夠開創第三個據點還是令人振奮，不過能獲得一份小小的建造工作（有時還附帶定期維護合約），也能替我們帶來實際收入，而且這也是我們營運業務中很重要的一環。在我們營運狀況沒有明顯起色，深怕看不見明日的陽光時，葛溫還是能繼續招攬業務，這就代表她眞的願意接受各種可能與挑戰（而且她也曾眞的在太陽照不到的地方，替業主蓋一座香草花園）。

找到心儀的工作環境不只對農場經營者來說很重要，對擁有實體店面的企業也是如此。我們有一群在布魯克林經營肉鉤肉鋪（The Meat Hook）的朋友，因爲他們的工作模式需要充足的空間，之前就四處尋找能夠設爲中央廚房的地點。後來他們順利找到一個中意的空間：這個地方離肉鋪不遠，而且設備相當齊全，幾乎可以即刻啟用。唯一的缺點是租金高昂。不過幸運的是，這個中央廚房剛好有一側面向大街，能夠當成店面做點小生意，創造額外收入來負擔房租。不過這個店面空間狹小，根本無法設立正規的餐廳，所以他們就把它打造成三明治專賣店。雖然店鋪不大，但是規劃完善，而且營收還能用來協助中央廚房的運作，讓他們在空間運用與業務經營上有更多彈性。後來《紐約時報》還報導這座中央廚房，讓肉鋪與三明治專賣店更廣爲人知，創造更多收益。

對經營實體店鋪的業主來說，店面跟座落地段就跟選擇合作夥伴一樣重要；假如在店面的運用上能保持彈性，才能發揮空間的最大效益。換言之，簽約談合作或是拓展業務時，選擇能夠隨機應變的合作夥伴也非常重要。曾經有一些業主與我們接洽，但他們的屋頂空間太小，無法設立有經濟效益的農場，不過他們的位置恰好在市中心，能夠吸引大批訪客。如果我們能在農場中央蓋一座啤酒花園，就算空間狹小還是能順利營運。但是如果業主一心只想蓋農場，對於其他能替農場創造收益的空間運用不感興趣，那麼他可能還不懂該如何運用自家屋頂。我們始終保持開放的態度，也很樂意因地制宜，根據不同的場地與空間陳設來修改整體設計，絕對不會生硬地將同樣的模式套用在不同的場地。我們已經有足夠的辨識能力，如果看到不適合的空間就會斷然婉拒。

我們看過不少經營公司的朋友（特別是餐飲服務業的朋友），常耗費許多時間跟潛在合作夥伴開會，後來發現雙方根本不適合共事。假如對方公司位於他國，甚至來自遙遠的國度，除了浪費時間之外，連投注的金錢也一去不復返，而且談到最後一點進展也沒有。他們不僅希望能把失去的時間與金錢要回來，這些朋友還非常懊惱，因爲他們總是太早宣布合作消息，結果卻是一場空。他們表示，只要有新聞報導都是好現象，但有時拓展合作的消息也有可能對公司造成致命傷，讓人巴不得把訊息壓下來，希望沒人注意。我們曾親眼目睹一個經營屋頂農場的同業遭遇這種慘況，那次事件至今仍令人印象深刻，也讓我們學到寶貴的一課。

那間公司創立於二〇一一年，而且還參考能源產業的能源購買協議（Power

Purchase Agreement, PPA），制定一套聰明新穎的經營策略。在能源購買協議中，太陽能陣列裝置的擁有者，能夠在第三方的房地產上架設太陽能板，再依據該建築使用的能源收取費用。這間農場的執行長仿照這個模式，跟超級市場簽約。合約內容要求超市必須買下農場種植的所有綠色作物，不過在簽約當下，執行長口中的「都市水耕溫室」根本還沒開始建造。這是一項非常精明的協議，因爲農場確定會有一筆固定收入，所以投資者也相信很快就能回本，因此在短短幾年內，農場就募資一千多萬美元。

二〇一二年春天，他們宣布即將在布魯克林的一棟大型建築物屋頂設立溫室農場。我們聽過那棟建築，仲介向我們透露建築擁有者開出的租金之後，大家都認爲是獅子大開口。所以聽到那間資金雄厚的農場公司排除萬難，準備在那裡設立據點時，與其說是驚訝，倒不如說我們都相當佩服。媒體瘋狂報導這樁合作案，記者會的剪綵活動排場驚人，現場還有演講台、麥克風，計畫參與者還接受媒體聯訪，而且與會人士皆是大有來頭的政商名流。那位執行長表示，這座農場只是打頭陣，未來他們還預計在布魯克林設立更多據點，而旗艦農場擴建之後，公司也會加快腳步拓展業務。

後來那棟溫室連個影子都沒有。我們不曉得那間農場與地產所有人的協議出了什麼問題，那是後來隔了將近一年，仲介與我們聯繫，表示那棟大樓的所有人對布魯克林農場很感興趣，希望有機會聊一聊，我們才知道當初那樁合作案已經胎死腹中，只不過我們壓根兒付不起鉅額租金。之後我們又聽說那家農場公司在郊區平地上蓋一棟大溫室，當初搶攻各大新聞版面的布魯克林屋頂溫室合作案，如今卻在網路上消聲匿跡。雖然他們現在營運的規模也不小，目前也在籌備其他據點，聽起來也算經營有成，但是跟幾年前風光的都會屋頂溫室建案比起來，這些位於郊區平地或衛星市鎮的溫室還是相形失色。

宣布合作之前，我們習慣先簽下書面合約。有時在簽約前先放出消息是一種策略，因爲消息發布後，雙方就有動手執行的壓力。不過這種做法也帶來極大風險，就像公司名稱明明是「布魯克林農場」，結果卻跑去皇后區設農場。假如未來我們還要在簽約前宣布消息，必須滿足以下幾項重要標準。

首先，在實際執行計畫之前，我們要確認手邊握有豐富的資源。如果新計畫會造成財務吃緊，或是因爲聘請新員工導致工資大於營收，這樣對我們不大有利。很多外人覺得，我們當初跟布魯克林造船廠簽約的時機不對，那時我與葛溫根本沒有領薪水，弗蘭納的工作量也超載。不過當時我們身邊有一群專業夥伴，大家熱切地想接下農場的全職工作，我們也很有信心，相信只要農場的空間愈來愈大，我們就有足夠的營收能請一位農場經理，協助弗蘭納與葛溫管理兩個據點。此外，多出來的收入還能支付我的薪水，好讓我把夜班工作辭掉，專心管理負責的部門，替公司創造更多收益。

當初決定與布魯克林造船廠合作的關鍵，因爲獲得一大筆紐約環保局補助金。有了這筆基金，我們就能夠負擔所有建造費用。雖然我們知道這個案子未來能不斷帶來營收，不過如果需要稀釋股權或是大幅度舉債來執行計畫，對公司而言都是風險。弗蘭納與柴斯第一次與布魯克林造船廠開發公司接洽時，他們列出仍然閒置的大樓，那一瞬間，弗蘭納與柴斯都有些遲疑。除了我們現在營運的那棟大樓，其他建築物的平面面積也都相當可觀，我們不曉得究竟要動用多少資源，才能擴充營運規模。有了市政府的補助金，還有布魯克林造船廠合作夥伴的協助（爲了支撐未列入政府補助的項目，我們另外募集一筆資金，其中有一半來自布魯克林造船廠的朋友），只有傻瓜才會裹足不前。雖然我們還要發起第二次募資活動，不過公司的投資者會希望我們擴大規模，而不是繼續握著少得可憐的股份。

這項合作案吸引我們的另一個特點，就是布魯克林造船廠開發公司的合作夥伴與我們理念一致，他們也希望打造一座模範農場，在展現出綠色設計的同時，還能創造綠色工作機會。假如他們只希望揮揮鏟子、數數鈔票，像我們這種利潤不高的社會企業會令他們失望。再者，如果計畫順利開花結果，最後也可能會爲了利益而撕破臉。

團隊裡至少有一人對新計畫充滿熱情，願意擔任計畫負責人、主導分工，這一點非常重要。當然，我們是緊密分工的團隊，執行新計畫時大家必須捲起袖子貢獻一己之力，不過還是需要願意全心投入的角色。正如柴斯所說，團隊裡需要一位情緒激昂、易感的利益關係人（主理人）。起初，我、葛溫與弗蘭納，對設立養蜂場興趣缺缺。雖然後來養蜂場深得我心，不過當時我們根本不知道如何養蜜蜂。那一陣子我飽受驚嚇，完全不敢靠近蜂巢，導致那個區域缺乏修整，遍地雜草（我猜其他人負責的區域大概也是如此）。不過柴斯卻堅定不搖，憑著這股決心，他扛著蜂巢爬上爬下，整個人汗流浹背，還要忍受被蜜蜂螫咬的劇痛。

前陣子與市中心的建築所有人開會，討論是否要在大樓屋頂蓋農場（就是弗蘭納拎著一隻靴子現身那次），那幾個月雙方不斷交換意見，分享提案企劃，不過後來卻沒有對方公司的消息，我們就放手不再主動聯繫。如果團隊中有某個成員對新計畫特別感興趣，其他人也會跟著感染這股熱情，等待對方回覆。不過身爲開發團隊，我們會停下來冷靜思考，分析大家對新計畫的目標是否一致。所以當主要聯絡人弗蘭納已經好幾個月沒接到對方消息，我們都心知肚明，這個案子與我們無緣。

更微妙的是，有時團隊中有某個成員對新計畫充滿熱情，但其他人卻覺得那個案子不適合我們。某些成員對新合作案態度冷淡，其他人則是衝勁十足，有人可能認爲這種情況比全體成員都一頭熱來得更好。這樣一來，就有部分成員能夠繼續專注現有的業務，不會被新穎有趣的新案子影響而分神。不過要是大家對新合作案的看法兩極，這又是另外一回事了。

布魯克林農場營運以來，團隊成員意見不合的次數屈指可數，紐約下東城區的開發案就是其中一例。身爲土生土長的紐約人，我小時候在這一帶流連玩耍，多數居民都是拉丁美洲裔的家庭或是藝術家，當地生活多采多姿、生氣蓬勃。許多評論家認爲這項開發案會抹去當地僅存的獨特文化，所以我參與這項合作案不僅導致公司招徠負面觀感，更有可能染上向中產階級靠攏的色彩。不過那項合作計畫最後破局，我也沒有說出心裡話。我很清楚這次接觸不會有任何結果，於是耐心等待，不想浪費自己與夥伴的時間，爲無足輕重的小事爭執不休。要是我們當時沒有這麼早收手，還繼續提案開會，或許整個團隊會產生更多摩擦。

另一次類似經驗，我們爲了某個合作機會而坐下來討論。團隊中某位成員興致沖沖，希望能買下一大塊郊區農地，因爲培植玉米或穀物需要廣大空間，無法種植在屋頂上，可藉此擴充我們的銷售品項。這塊農地所需的絕大部分資源，則可以運用我們現有的管理與銷售系統，還可以聘請許多新員工。雖然這個案子可能沒辦法替公司賺大錢，但或許能帶來些許營收。除了種植更多作物，這還是一項策略性投資。我們只要握有這塊土地，用販售農產品的收入來支付土地稅，接著只要等待土地增值即可。投資土地絕對不會出錯。但話說回來，布魯克林農場的根基是建立在我們耕種的平面上，因此屋頂才是我們發揮運用的平台，如果到平地去耕種，就可能影響公司的核心價值，削弱品牌說服力。如果真的在平地買農地，這與我們一路走來的主張背道而馳。我們當初就是想告訴大家，就算在都會區務農，還是能維持健全的財務體質。因此我們決定繼續努力，發揮都會屋頂農業的精神，而且要證明這個概念確實可行。雖然到郊區購買農地是很聰明的投資，但是卻會讓公司泯然於衆，更會撼動當初想在都會區打造綠色空間的主張。

在擴大布魯克林農場的規模時，我們發現締結良好的合夥關係，就跟維繫穩固的戀情大同小異。如果要給新創公司一些建議，讀起來就會很像兩性專家的戀愛專欄。第一點，要先了解自己。知道自己的底線在哪裡，而且清楚告訴對方有哪些東西你無法妥協。這跟談戀愛一樣，與其他公司合作時，有時候必須退讓妥協，但自己的公司還是有些不可撼動的原則。想清楚有哪些底線不能讓步，必要時甚至可以拿筆寫下，而且絕對不要退縮。以我們爲例，就曾經拒絕一些擁有完美屋頂的業主。雖然那些業主很歡迎布魯克林農場到頂樓耕種，但卻禁止在上頭拍照或辦活動。這兩項收入來源對我們來說太過重要，完全無法割捨。假如農場空間夠大、房租夠低，或許單靠販賣農產品的收入還能營運下去，不過布魯克林農場走到現在，我們已經投注大量時間與精神，好不容易才找到適合自己的營運方式。換句話說，我們已經試過各種可能，也找到最理想的操作模式，現在叫我們回頭去照顧一個規模較小的農場，以販賣蔬菜爲唯一收入來源，這是不可能的。

除了搞清楚經營原則，熟悉未來的新合作夥伴也同等重要。如果你正準備與其他公司合作，來擴大未來的業務計畫，最好要先了解彼此的出發點爲何。在雙方動機背道而馳的情況下，你們還是有攜手合作的可能，只不過最後大概會以失敗收場。這一點大家心知肚明，但急著合作定案時，常常會忘記考量雙方的頻率是否一致。你或許會想，既然對方想要合作，而你也樂觀其成，還等什麼呢？之前有一棟大樓的業主與我們接洽，他只是想要請一支團隊打點一小塊美麗的屋頂綠地，讓數千位住戶或上班族在午休時間有地方可去，了解他的需求之後我們謹愼地再三考慮。我們還有其他業務與據點要照顧，如果每天下午得花許多時間到那裡整理環境、清理三明治包裝紙，還要回答民衆關於花花草草的疑惑，根本沒時間經營公司。反過來，我們或許會建議大樓擁有者將整片屋頂綠化，並制定因應的維護計畫，而不是一股腦地說服他設立一座完整的農場。

當然，偶爾還是要適度妥協。我們愈來愈常碰到案主希望在屋頂增設一個小型的聚會場地，所以我們也把這個點子加到企劃案中，讓大樓住戶與上班族能夠消磨時間。我們絕對不希望自私難搞地把整片頂樓據爲己有，而失去合作機會。其實自己規劃的空間受到鄰居喜愛，這也是令人振奮的好事，只要不影響農場工作、干擾營運，我們很歡迎大家來走一走。換言之，我們已經能適度調整自己的彈性，不僅能迎合時下案主的需求，也無須犧牲整片農場。

接下來要談的合夥經營之道，不僅跟談戀愛天差地別，相形之下還有些殘酷的現實。領導、管理組織時，必須有一顆清醒的頭腦與準確的判斷力。就算缺乏這兩項特質也無須擔心，當你竭盡心力、努力耕耘與付出的公司上軌道之後，就會在無形中慢慢培養出這些能力。你可能會覺得，在商場上像鯊魚般嗜血殘暴是貪婪的表現，但那些有話直說、氣勢十足的協商者，才是最能保護公司的角色，因爲他們今日的地位都是血汗累積而成。有時你可能會表現隨和可親，不過一旦看到那些喜歡耍手段的傢伙，將別人精心擬定的計畫玩弄於股掌間，內心的大白鯊就會蓄勢待發。

第一件必須謹記在心，而且很不講情面的舉動，就是請對方把他們承諾的項目以白紙黑字寫下來。潛在合作夥伴都會祭出各種承諾，像是對你說：「如果你們完成任務，把事情做好，我們會提供資源，全心協助。」記住，一旦你把份內的工作完成，之後要談條件就沒有籌碼了，所以請確定對方有把他們承諾的事項寫在合約中，並且簽名以示負責。對我們來說，有些事情絕對不能用電話溝通，必須用電子郵件清楚地把細節寫下來。

我們原本以爲之前提到的經營之道，比較適用於我們這種類型的公司，例如：新創科技公司或是鞋店，不過跟其他小型企業經營者聊過之後，發現其實大家頗爲相似。至少，所有業主一定經歷過這種感覺：創業初期，就像手邊沒有地圖那樣盲目尋找方向。不過公司開始創造收益、累積文化資本之後，未來的道路就會漸漸浮現。雖然企業經營者在選擇未來方向時都需要愼重考慮，不過發現先前所選的道路不適合時，也要轉頭折返，切莫猶豫躊躇。愈了解自己，就會更清楚未來要與哪些人合作，假如能夠仔細思考，替公司選定正確的營運方向，未來就不需要倒退重來，畢竟沒人想要從頭來過。

當初與布魯克林造船廠攜手合作時，人力與資金都不虞匱乏，因此這項決定對我們來說無疑是一條康莊大道，帶著我們朝目標前進。除了充沛的資源，合作夥伴也與我們步調一致，擁有相同的理想。團隊中的每個成員熱血沸騰。雖然這棟大樓屬於私人房地產，但是能夠運用這個歷史悠久的空間，實在讓人興奮不已。而且這次合作也替品牌加分不少，我們終於能告訴大家，布魯克林農場眞的在布魯克林蓋了一座農場。好處不勝枚舉，根本無須再三考慮就能拍板合作。其中唯一的缺點，就是那次合作機會的各項條件太出色，導致後來其他案子都顯得黯淡無光。不過布魯克林造船廠並非十全十美。例如，民眾需要在入口大廳進行訪客登記，才能到頂樓農場，因此我們無法舉辦農場參觀日這類活動，讓社區居民與我們一起同樂，這一點就跟我們的旗艦農場大相逕庭。而且，這裡的廁所簡直一團亂，建築物內的走廊也非常乏味、毫無生命力可言。我們常自嘲，在旗艦農場辦完活動後都要收拾場地，不過在造船廠反而是辦活動前要加緊打掃。這裡貨物運送速度極慢，總是有許多製造業公司在此裝卸大型船運貨物。不過整體來看，這個據點的優勢還是多於缺點，我們怕再也找不到像這裡這麼棒的地點了。

到造船廠設立據點後，我們才發現原來自己公司還有其他無法讓步的需求與原則，而這些細節以前都被忽略了。（媽的，就算速度慢也沒差，貨運直送實在是太爽了！）現在整個團隊都很清楚公司的需求與原則爲何，因此要是碰到條件較差的地點或合作機會，我們就更不願意屈就配合，耗費心力投資。雖然增設造船廠這個據點之後，公司的擴展計畫已慢下腳步，但我們仍然努力達成財務目標。目前公司營運的兩個屋頂農場所帶來的營收，比當初預定的七個據點的總收入還高。其中原因就是過去五年，我們招募一群優秀的員工。布魯克林農場毫無保留地培養這些生力軍，他們也將自身才能發揮得淋漓盡致。

這群員工的熱忱與技能，讓我們在不增設據點的情況下，繼續擴展公司規模。每位員工各有所長，他們憑著自己的優勢，替公司開發各種收入來源。點開我們公司網站的團隊介紹頁面，就會發現我們的員工素質能與紐約一流顧問公司的專家團隊匹敵；甚至在選舉期間，拿布魯克林農場的工作人員跟黨派候選人相比，說不定還更受歡迎。不過員工能有如此亮眼的表現，也算是身爲管理者的我們領導有方。我們將先前談合作案累積的經驗，全部都傳授給員工，因此每一位負責決策、協助布魯克林農場擴大規模的工作人員，都聰明幹練、足智多謀。多虧這些人才，我們才能在兩座大樓屋頂上，發展出同時跨足三種領域的企業：我們不僅栽種蔬菜，還能提供場地舉辦提供各種活動與公民集會，同時也在都會區設計、打造各種綠色空間。

第八章

親手打造的業務網絡

——避免資金周轉不靈的各種方法

有時在廣大無邊的詞典裡，會有某個字詞特別受人歡迎，在資訊時代更是如此。這些字詞被無止盡地濫用，變成騙點擊率的誘餌，最後失去眞實意涵之前，其實還算滿實用的。過去幾年，我們曾用過一些流行詞彙，描述布魯克林農場的營運與營利方式。「五花八門」曾經是不錯的用法，不過現在內部開會若聽到這種形容詞，所有人都會翻白眼。以前我們也常常將「激發」掛在嘴邊，像是：激發空間的潛能。然而大家現在都盡量避免使用，假如有人脫口而出，除了翻白眼之外，同事還會發出不耐煩的鼻聲。用「多角化經營」描述我們公司的業務雖然很貼切，但聽起來感覺布魯克林農場像是一隻章魚。雖然「多元營收模式」是很正統的商業用語，不過若在簡報會場如此說，可能會令人昏昏欲睡。如果說布魯克林農場像個五花八門的「馬戲團」，或許是最恰當的形容。

可惜有一個最常被濫用的名詞，非常適合形容我們這種看似毫不相干，卻又緊密結合的企業，那就是「永續」。有很多公司品牌爲了闡述企業責任，講了一堆空泛的漂亮話，把「永續」這個字的眞實意涵給掏空了。假如使用得當，「永續」代表的是優雅理念，也沒有其他詞彙能夠取代。我們這個小型企業之所以能在紐約這個全世界最競爭、營運成本最高的城市立足，靠的就是「永續」的概念。

從一開始，我們就知道除了販賣農產品的營收之外，應該要再開發其他收入來源。還記得嗎？我們在規劃屋頂農場時，還參考弗蘭納提供的鷹街農場利潤數據。看到資料之後我們都曉得，除非我們農場出產的蔬菜裏了黃金，能夠賣到天價賺取大把鈔票，不然根本付不起營運初期的所有成本（還不包含管理費）。只有發揮創意，才能在紐約這個大城市站穩腳步。我們從來沒有假設公司哪個部門，未來會替公司帶來最多收入，或者成為最重要的營運項目。布魯克林農場的每個部門都互利共生，某種程度上來說，當其中一個部門狀況不穩、需要協助，其他部門都能貢獻資源。要不是在創業第一年，我們被「未來」這個當時大家掛在嘴邊的詞彙搞得暈頭轉向，否則可能更早體會這個道理。

我們第一次告訴大家，準備建造全世界最大的屋頂農場時，前來採訪的媒體數量之多差點讓我們喘不過氣。雖然這是令人開心的困擾，不過要在尚未成熟之前就替自己下定義，這也給公司帶來不少壓力。所以，我們初期描述公司理想與使命的方式，受到許多身邊有力人士與媒體的影響。聽到身邊不知第幾個人說，布魯克林農場代表「農耕未來的走向」，還有屋頂農場是「未來之城」的其中一環時，連我們自己也被說服了。

我們從不做白日夢，也不會天眞地以爲，屋頂農場能養活一整座城市的居民。不管是誰，只要認爲單靠屋頂農場就能讓整座城市的蔬菜不虞匱乏，一定是不夠深思熟慮，否則就是不懂裝懂。都會區耕地稀有，地價高昂，而且像穀類、豆類植物，乳製品或肉類，這些食物與產業都需要寬廣的土地空間，所以除非把都市的高樓建築夷爲平地，重新搭建農舍，或者改變人類的飲食習慣，否則都市人不可能自給自足。所以當那些立意良善、充滿希望的報社新聞記者、群眾集資平台Kickstarter的支持者，還有社群網站的親朋好友，所有人都將我們捧成「改變人類飲食與種植習慣的企業」，但我們必須慚愧地說，整個團隊眞的被這些光環沖昏頭了。我們以爲只有大量、快速複製同樣的營運模式才能達到目標，所以當時才會誇下海口，要在五年內創設七座農場。為了印證支持者的言論，我們的營運方針漸漸偏離正軌，後來還用跨國企業的標準看待自己，用錯誤的框架來審視公司的表現。

即使已成立公司、開始營運，但我們還是持續聆聽他人的意見，不過這次提出意見的人與先前不同。我們將網路國際社群媒體的意見擺一邊，也不管標題聳動的文章，就算描述我們是一間很有未來感、能夠徹底改變未來都市的公司，也不為所動。我們開始聆聽消費者的意見，正是有這群人購買我們的農作，布魯克林農場才有辦法營運下去。

我們的客戶就是社區裡的居民，他們除了會到農場攤位採買，還會詢問是否需要幫忙鏟土。他們內心真正關切的，並不是如何幫助世界上的大城市轉型；這些居民在乎的其實是我們一群人所立足的屋頂。這些民眾的出發點就是想為自己的城市盡一份心力，他們在乎的是布魯克林，是他們的生活環境，是他們居住的街區，是他們棲身的大樓。此外，這一切行動也跟教育與使用權密切相關。當然，都市中愈來愈多綠色空間也是因素之一，但這不代表未來需要在每棟大樓屋頂設立農場。就算我們幾年後申請專利，還操控無人飛機在每棟大樓的屋頂丟下一袋袋的泥土，這群顧客也完全不在乎。他們只想知道該如何培植，才能讓自家的番茄與農場生產的番茄一樣健康，或者他們念小學二年級的女兒，是否能跟同學一起到屋頂農場參訪。這些居民都希望能成爲住家附近這座農場的一份子。如果你能成功打造一座屋頂農場，自然就有人來參觀消費，但假如這些人到屋頂一探究竟時，卻發現什麼東西都沒有，那就不要妄想要成立五十、一百，甚至是一千個據點。在我們有能力規劃未來之前，必須先善用眼前的機會，而農場顧客的回饋意見，正告訴我們哪些機會該努力把握，哪些事不該費心琢磨。

社群導向的企業精神與貨眞價實的市場需求，這兩個因素造就今天的布魯克林農場，而我們公司的每個部門雖然各有特色，卻又密不可分。農場附近的住戶都很清楚讓我們知道，他們希望布魯克林農場提供何種服務、規劃哪些活動。閱讀每封居民寄來的電子郵件，與前來購買蔬菜的顧客或廚師談天，我們希望能聆聽這群人的心聲，更了解眼前的市場爲何。不過要是三項收益來源的其中一項出現突發狀況，保險起見，還是要穩固另外兩項業務。因此爲了讓公司「永續」經營，發揮這個詞的眞正涵義，我們絕對不會過度仰賴、濫用某項收益來源。

身爲小型企業主，必須先制定一個經過深思熟慮的計畫，接著盡己所能將計畫付諸行動。大家通常會從基本步驟開始，就是先將精神集中在自己最擅長的項目。不過假如你夠敏銳，就會發現世事難料。曾經蓬勃活絡的市場也有一天會黯淡枯萎，路上也可能出現阻礙將你絆倒。所以最好不要只專注經營一項業務，而是同時開發幾項收入來源。舉索尼（Sony）這家公司爲例，假如他們當初只生產隨身聽，現在早就倒閉了。因爲索尼專精於許多電子產品，而且在技術層面不斷提升，就算稱不上是電子產業龍頭品牌，至少也不會被時代潮流淹沒，至今仍然穩定地營運。而農耕產業非常脆弱，很多農民不像我們這麼幸運，能夠同時經營兩到三項業務，創造夠多收益，這就是因爲布魯克林農場擁有廣大、多元的客群。這一點是我們的優勢，假如哪天颶風來襲，摧毀一整季的農產品，我們可能也只需要大幅減少開銷，而不至於宣告破產。

我們原本就是農夫，現在只是將自己的拿手絕活發揚光大。除了農耕，公司還有其他收益來源，其中最主要的項目就是舉辦活動、設計打造綠色空間，其他業務還包含演講、招募培訓人才、替第三方團體進行導覽，還有提供商業拍照攝影場地，上述服務對我們公司來說都至關重要。在商管領域中，大家常說經營企業一定要將「服務商品化」，也就是將公司提供的服務，按照消費者需求包裝成一項商品，無論是諮詢或是消費者服務皆可。將服務商品化的流程，就是設計一個套裝服務，把各項服務以條列方式清楚標出，讓客戶一目瞭然，最後再制定統一價格。如此就不必花時間爲客戶逐一解釋服務內容，還能訂出一套架構清楚、有系統的套裝服務，之後執行業務時不斷修正調整，讓服務臻於完美。我們發現這項建議的絕妙之處，也落實在服務中，像是婚禮會場設計，我們就提供幾種不同的套裝選擇。不過我們在辦活動或設計打造綠色空間時秉持的理念，不會將服務商品化，而是將公司的產品「轉化成服務」。

我們都知道對消費者來說，布魯克林農場執行的計畫比農場的蔬果更吸引人。雖然農產品也頗受歡迎，但消費者更希望能參與支持我們的計畫，他們到農場參觀時，不只想花三美元買甘藍菜回家料理，而是更想成爲農場的一份子。從世界各地來到紐約觀光的旅客，雖然住在沒有廚房的飯店，無法將我們種植的蔬菜買回去料理，但他們都抱持同樣的心態前來參訪。我們開始集思廣益，希望能發揮創意讓更多人認識農場，同時善加利用網路社群的關注。群眾不只想吃到布魯克林農場栽種的蔬菜，更希望能體驗布魯克林農場的營運方式。因此我們邀請民眾到農場參觀，讓他們身歷其境，甚至讓訪客把這份體驗帶回家，協助他們在自家屋頂或後院搭建屬於自己的農場。

第一位請我們設計農場的客戶，是一家位於曼哈頓的餐廳。向布魯克林農場訂購蔬菜還不夠，他們希望餐廳的客人不僅能在料理中看到我們的食材，還能在花草植物的圍繞下用餐。他們請葛溫實地走訪，並且在餐廳後院打造一個專屬花園。雖然空地面積狹小，無法帶來龐大收益，不過這項計畫卻相當成功。葛溫看出市場趨勢與商機，立刻著手規劃，在我們的網站上架設「設計建造綠地服務」的頁面，還想出與都市綠地造景相關的話題，讓我們在接受媒體採訪時能夠盡情發揮，吸引群眾目光。團隊成員發現葛溫做了這麼多事之前，早就陸續接到民眾的電話，受邀幫忙打造各種景觀空間，像是在屋外平台打造小型盆栽花園，或是在私人住宅的屋頂上以淺土種植景天屬（sedum）植物。服務項目包含在柵欄鐵網上以香草及蔬菜打造綠牆，還替紐約流行設計學院打造一個染料植物花園，葛溫的服務範圍無所不包。

很多人得知我們有農場規劃與種植作物，紛紛打電話到公司詢問。民眾主動到農場參觀，在我們的農產品攤位前駐足，不僅希望能親身感受整個空間的氛圍，以及我們打造的綠色文化，更想學習如何在自家花園或頂樓打造一樣的空間。或許他們都希望能在自家打造一處田園綠洲，快意悠閒地享受遠離都市喧囂的感覺。這群人不想長途跋涉，只需轉身離開書桌、邁出臥室，就能轉換心情、擺脫壓力。二〇一五年春季，某個媒體集團出於同樣的動機，請我們在集團新總部的屋頂打造一個花園。或許是我們不斷在社群媒體上貼出栩栩如生的照片，展現出綠色空間的樂趣，讓這家媒體集團也禁不起誘惑，想在頂樓搭一個能夠拍攝時尚照片的美麗場景。又或者，他們覺得在高空中打造一個世外桃源，如果能在上頭吃晚餐、度過辦公室歡樂時光，樂趣一定更勝以往。葛溫滿足他們的願望，在總部頂樓打造功能齊全的綠色空間，除了鯉魚池還架設了盪鞦韆。

上述那群客戶希望能透過綠色空間來釋放壓力、調劑心靈，希望能替苦悶的生活增添樂趣。然而有另一群人，則是出於現實因素來跟我們接洽。他們注意到農場的蔬果產量，以及綠色屋頂替整棟建築物帶來的生態效益。在這些案例中，就有一個來自紐約南布朗克斯區（South Bronx）的低收入戶住宅大樓。這棟大樓住了許多低收入戶家庭，又位在堪稱糧食沙漠的區域，他們迫切希望能提供住戶新鮮食物。所以大樓管理者跟我們聯繫，葛溫也撰寫設計提案，後來也成功獲得紐約環保局補助金，順利在建築物的屋頂打造一座大型農場。農場除了種植不需費心照顧、有利於授粉昆蟲的景天屬植物與草皮，還有許多營養豐富的蔬菜。大樓的住戶都有屬於自己的一小塊農地，能在上頭種植可食用的作物，晚餐時就能帶回廚房料理一番。

最近葛溫還帶領布魯克林農場，無條件替聯合國總部大樓打造一個蔬菜花園。雖然這項計畫沒有替公司帶來實質收入，不過大家還是全心投入。多虧葛溫平時努力招攬生意、仔細計算營收，她的部門才有辦法讓整個公司有餘裕，去執行幾項不賠也不賺，但是卻能造福整個社會的案子。現在從世界各地來到聯合國總部大樓的國家領袖，不僅能親眼見證這裡真的有一座都會農場，還能欣賞其中欣欣向榮的蔬果植物。

只要是你想得出來的地方，都難不倒我們。葛溫竭盡心力，試圖證明無論身在何處都能栽種植物，在這個由混凝土打造而成的大城市，只要動動腦筋就能增添一絲綠意。不過這些計畫案都不是她獨自完成。葛溫努力經營她所領導的設計建造部門，讓這項業務成爲我們企業中不可或缺的一環，關於這一點我們都非常欣賞。其中最爲人稱道的，就是她藉此創造更多綠色工作機會。光憑我們農場那兩英畝半的土地，根本沒辦法像葛溫一樣聘請這麼多員工。創造就業機會是布魯克林農場的目標之一，但就現實層面來看，農業的就業市場相當有限。在我們擴大農場規模之前，沒辦法招募更多人才。透過葛溫執行的各項計畫，紐約的綠地面積逐漸增加，她與剛嶄露頭角的年輕農民合作，請他們協助打造綠色屋頂，架設底部給水盆栽。這些年輕農民也能藉此增加實務經驗，未來求職時能交出漂亮履歷。

在我們公司，受餐廳委託而展開全新業務的不只有設計建造部門。布魯克林農場現在之所以會協助舉辦活動，並以此作爲收入來源之一，其實是受到某位餐廳老闆的啟發。波波餐廳的經營團隊，之前曾幫我們在曼哈頓辦一場募款活動，布魯克林農場成立後第一季，這群朋友請我們協辦一場晚宴，算是還他們人情。我們第一次舉辦晚宴就感到樂趣十足，不過當時公司根本沒有什麼活動用的基本配備。我們提供的桌椅是由木板與塑膠板隨意組合，當時還在餐桌上擺了以玻璃罐承裝的蠟燭。雖然這是別出心裁的小巧思，但是我們壓根兒沒有考量大樓屋頂上的強風。那晚大家手忙腳亂，最後賺進幾百美元，當時對我們來說已經是一筆鉅款。現在回想起來，那天實在有點努力過頭了，我們知道其實可以做得更好。

舉辦活動的業務與其他營運部門一樣，我們慢慢擴展規模，將賺取的利潤投資在硬體設備，最後終於打造一個像樣的活動會場。首先，弗蘭納跟他的朋友設計品質較好的桌子。他擔任木匠的好兄弟傑克，幫我們找來一大堆雪松木。後來在弗蘭納、葛溫，和她的先生克里斯多夫的巧手打造下，精美的桌子誕生了。這張桌子長約五十英尺、寬六英尺，能容納六十五位賓客，平時這張桌子就收在旗艦農場西側的植物群中。接著我又請葛溫設計燈柱，能牽電線掛上燈泡。她就在容量三加侖的水桶中填滿混凝土，再將一根桿子立在中間，在桿子上方鑽一個孔嵌入掛鉤，燈柱就大功告成，而且風再怎麼吹也不會東倒西歪。

不過桌子擺放區域的地面凹凸不平，一側較高另一側較低。爲了解決這個問題，我們還特別設計後面兩隻腳較長的板凳，坐起來還算穩固，但總是有一種隨時會往後傾倒的恐懼感，幾杯黃湯下肚之後，這種感覺就顯得更加強烈。後來某位經營回收建材物流中心的朋友打電話告訴我們，市政府準備把康尼島的木棧道拆除，全部鋪成水泥地。我聽到消息後決定不想錯失良機，馬上答應要與他們平分一整櫃的巴西胡桃木。我們在擺放桌子的地面上，用這些材料鋪成一片木製平台，雖然這批木材所費不貲，但每次在木製平板上來回走動服務賓客時，內心會湧起一股莫名的感動，因爲這批木材蘊含紐約悠久的歷史。

硬體設備到位之後，我們還要將每一場活動辦得有聲有色。一開始，請開餐廳的朋友與我們合作提供晚宴餐點。如果要讓我們舉辦的晚宴符合法律規定，這是最簡便的方式。餐廳業主可以用他們的酒類營業執照，以我們的名義申請暫時許可證。雖然申請流程繁雜，不過與我們合作的餐館老闆都義氣相挺，這樣就毋須擔心紐約州酒類管理局的稽查人員突然現身，要求我們關門歇業。

解決酒類證照的問題之後，還要煩惱舉辦宴會的重頭戲，那就是食物。準備餐點食物本來就是我的專長，所以原本以爲自己能夠輕鬆勝任。準備晚宴的時候，葛溫會負責打理用餐器具，弗蘭納則提著酒桶在城市中來回穿梭，有時還要在我忙不過來的時候擔起東道主的責任。雖然我們會團隊合作，不過剛開始我都是獨立作業，把所有工作攬下來。雖然我有準備宴會餐點的經驗，但是要廚師在沒有天然氣、沒有充足燈光，沒有四面牆與屋頂的空間準備餐點，這根本是不可能的任務。我們舉辦的第一場宴會，是由展望公園管理局（Prospect Park Conservancy）委託，總計有三十五位賓客。因爲他們有預算限制，所以當晚無法聘請助理廚師來協助。那天的所有食物都由我一手包辦，像是由農場蔬菜與當地起司做成的義式開胃菜、甜菜羅宋湯、羽衣甘藍脆片、迷你胡蘿蔔與白蘿蔔莎莎醬，甜點則是橄欖油蛋糕佐薰衣草奶油醬。要我一人準備這麼多餐點實在應付不來，舉辦宴會的前天深夜，我手忙腳亂地準備食物，感覺自己實在是太蠢了。不過在賓客抵達會場之前，我還是順利端出一盤盤美食，實在是成就感十足。

接著夜幕降臨。其實我當時心中很期待太陽下山，這樣就能將燈泡掛在葛溫親手打造的燈柱上，桌邊燈光亮起後，賓客就能舒適自在地交談。但是我忘記水塔下方的擺盤區是一片漆黑。太陽西下、四周一片黑暗，我才剛擺完三盤義式開胃菜的其中一盤。正當我崩潰地站在那邊不知該如何是好，背後突然有人開口說話。

「你好，你是農場的工作人員嗎？」

我轉身看見一位約五十幾歲的蓄鬍男子，他的長髮往後綁成馬尾，工作褲外綁兩個護膝，腰上的工具皮帶還繫一把鏟子。

「我叫約翰。之前聽人提過這座農場和你們的工作，所以想上來看看。你們需要幫忙嗎？」

我以為自己會忍不住破口大罵，畢竟有誰會在晚上七點到農場參觀？但是我發現他在頭上套一條彈性束帶，束帶上固定的東西正好派得上用場。

「請問那是頭燈嗎？」我往前跨一大步，大聲問。那名男子後退幾步，不情願地把頭燈拆下來。

「對啊，呃，這是——」在他還來不及把話說完之前我就不斷道謝，立刻調整束帶長度，將頭燈套到自己頭上。

當晚過後，頭燈約翰再也沒有現身。當時我忙著擺盤送餐，沒時間停下來跟他閒聊，對他一無所知，但他卻將我從尷尬難堪的處境中解救出來。

接下來一個月，每次舉辦活動時總是令人膽戰心驚。坦白說，要不是有米雪爾協助——我稱她是「迷你奇蹟」——布魯克林農場不可能在這種情況下成立活動部門。我跟米雪爾因爲身材嬌小，所以我都說我們是「迷你小隊」，在公司成立的前兩季，「迷你小隊」不僅舉辦無數場活動，而且每一場活動都圓滿落幕，沒有出任何紕漏。我們碰過暴風、熱浪、寒流、突如其來的大雨，連電梯故障、蜂群來襲、會場保險絲被燒斷，還有賓客跑錯場地的狀況都遇過。不過與美好的回憶相比，這些意外插曲反而不值得一提。我們還記得舉辦活動時美麗的夕陽、輕柔的微風，令人感動的求婚場景、婚禮中交換誓詞的催淚時刻，還有即興的熱舞派對與令人食指大動的餐點。到了二〇一三年底，我們已經上手，能夠應付各種類型的活動，像是中餐晚餐到宴會，還有婚禮、音樂會與電影放映會。不過就絕大多數的經驗來看，還是偏向被動等待客戶請我們幫忙舉辦活動，而不是主動出擊，發揮自己的點子。

處於被動狀態的缺點，就是我們無法掌握所有階層的客群。有些人預算充足能包下整座農場、聘請外燴廚師，讓自己跟其他四十幾位親朋好友飽餐一頓。不過除了這些高端的客戶，也有許多預算不多的民眾想要體驗農場用餐的感覺。因此我們開始規劃屬於自己的餐會活動，並開始對外售票。雖然票價不低，但是對大多數民眾而言還算是負擔得起的價格，而我們也盡可能壓低各項成本。爲了免去繁雜的步驟與人力，我們最喜歡舉辦不提供餐盤與餐具的餐會。在「包肉紙餐會」中，我們在旗艦農場的長桌上鋪滿用來包肉的棕色紙張，直接將食物堆在紙張上，暗示賓客用手代替餐具。此外，我們請紐約州的酒廠與酒商提供各種酒類，還找來ＤＪ播放音樂、營造氣氛。這種餐會的形式非常有趣，每位賓客都能度過難忘的下午：每位賓客都來自不同家庭、不同生活背景，大家互相傳遞螃蟹與龍蝦，還有肋排與玉米麵包，或者從幾乎與桌子等長的三明治串中，直接選一塊起來吃。這系列活動的意義在於，大家能夠眞正享受群體用餐的感覺，透過這種方式，所有賓客都能交流談話，打破社群的界線。不僅如此，整場活動我們幾乎沒有浪費任何資源，賓客離開後，只要把包肉紙捲起來，再將廚餘製成堆肥即可。

與布魯克林造船廠簽約合作後，我們發現農場空間裡還有一大片石板平台，這恰好迎合在農場中舉辦餐會的潮流。因爲貨運能直接抵達農場，運送租借的設備就輕而易舉。這個空間原本空空蕩蕩，我們也保持原樣，以便未來能因應不同的場合搭建不同場景與設備。後來這座農場成爲我們舉辦活動的主要場地，光是在二〇一四年，在布魯克林農場的兩個據點舉辦的活動數量，就高達一百零二場。當然，辦活動的收入對布魯克林農場是不可或缺，不過當中更重要的，是我們能觸及那些對堆肥與胡蘿蔔籽無感，對雞尾酒與開胃菜比較感興趣的客群。不然，名模泰拉．班克斯（Tyra Banks）怎麼會來造訪我們農場，還在推特發文說她吃得樂不可支。舉辦活動餐會，能在營業時段將農場的效益發揮得淋漓盡致。雖然前置作業令人忙得不可開交，但是最滿足的時刻，就是賓客找回自己狂歡時遺失的眼鏡，服務生與外燴廚師收工回家後，坐在桌椅上開一瓶冰涼的啤酒，望著閃耀光芒的紐約天際線。在寂靜的夜裡坐在雜物堆上，飄著油味的雙腿晃呀晃，微風輕輕從南邊吹來，這對我們來說是彌足珍貴的時刻。農場開幕讓數百位新朋友前來走訪體驗，而參觀農場時的那種新奇歡樂的氣氛，對我們來說才是最重要的。這是屬於我們的農場，能與民衆一同分享這個空間，我們感到格外榮幸。

與婚禮、私人活動比起來，工作坊或是售票餐會的利潤較低，但我們還是繼續經營，因爲不僅有趣也受到民衆歡迎。這種不計報酬、單純出於熱情的工作，卻也付出許多時間，其實也有一定風險。不過話說回來，假如米雪爾與羅賓的工作只是替企業產品發表會預定日期、執行活動，她們也不會願意整個暑假每週末都來農場工作。假如希望讓自身熱忱與利潤導向，這兩種企劃案取得適當比例，祕訣就是不能讓公司賠本。不管經營什麼業務，至少要達到收支平衡，就算沒有實際利潤，也要帶來更多機會，協助開發其他收入來源。掏三十元美元買門票，參加我們舉辦的堆肥工作坊之後，所有民眾都讚譽有加，離開農場時都滿臉笑容，所以以後他們很有可能會回籠參加其他活動，或是將農場推薦給朋友。說不定他們還會來農場舉辦公司餐會，或者即將在春天結婚，現在正好在尋找適合的場地。又或許他們居住的公寓大樓剛好想成立一個小型的屋頂農場，所以就請我們幫忙，替我們團隊帶來工作機會。

我們所做的每一件事，都會替公司的另一項工作帶來正面影響，讓其他業務的表現更上一層樓。除了開發額外收入，舉辦活動也能讓農場裡的農夫不受訪客干擾，在我們還沒正式開放導覽、舉辦活動之前，常常會有訪客突然現身，打斷農夫的進度。而協助舉辦活動的工作人員會負責維護農場的整潔，讓訪客能置身賞心悅目的環境，農夫工作起來也會更愉快。不只活動能帶來這些效益，之前柴斯讓一家工作靴公司來農場拍攝宣傳照時，那間公司還送我們每人一套裝備。葛溫幫第三方客戶建造農場時，她就有機會運用最新的建材與建築方式，間接讓我們成為反應更快、更有效率的營運者。

公司的營運方向相當多元，要同時兼顧絕非易事；而且有時候，我們還得搭交通車到各地開會、演講，這對我們來說是家常便飯。這些商務之旅對我們來說，正好能幫助自己在所處的領域豎立專業形象，讓更多人認識布魯克林農場；不過四處奔走令人精疲力盡，尤其是搭機到美國各地開會、演講，就很難同時兼顧農場的工作。所以時間對我們來說無比珍貴。每次抽空出席活動，或是與大眾分享這類的「智慧財產」時，都會收取一定的費用。每個禮拜，至少會有兩人勸我們應該免費到各地出席活動，因爲這樣「會大幅增加曝光率」。實際上，透過資訊媒體的傳播，現在各種訊息都變得公開透明，就算我們待在布魯克林，民眾還是能透過其他方式認識我們。雖然親自到世界各地走訪，與當地農夫見面交流是相當有趣、令人振奮，不過舟車勞頓實在太費神。所以後來還是決定酌收演講費用，除了建立我們的專業形象，也開發一筆雖然微小但非常穩定的收入來源。

更另類的是，有些客戶或團體甚至請我們以「天才」的名義出席活動，不喜歡上鏡頭的弗蘭納對此更是感到不自在。有時，服裝品牌要替新發表的耐穿機能服飾拍攝雜誌宣傳照，邀請我們擔任代言人。也有一些公司要辦產品發表會，邀請布魯克林農場與其他類似的新創品牌出席站台，請我們發揮公司的專長與文化資本替他們宣傳產品。對於這些合作邀約，我們都很謹慎小心。以前我們常常跟一些宣稱自己主張「永續發展」的小型企業協商，後來發現他們早在幾年前就被可鄙的大公司併購了。我們絕對不會因爲想跟其他企業品牌合作，就賤價出賣自己的形象，或是僞善地替他人宣傳，因此在出席活動前都會謹慎評估。

雖然活動策劃與設計建造部門的規模逐漸擴大，也愈來愈習慣讓專人替我們打理造型，在鏡頭前亮相，但我們沒有忘記經營農場的本業。要是失去農業核心理念，我們的企業也不可能有今天的地位。如果當初沒有成立農場，就不會有人想在這裡舉辦活動；沒有農場，頂樓也會失去特色，如今也不會有這麼多人想利用這個美麗的空間舉辦婚禮。假如我們沒有在紐約成立這兩座規模最大、綠意盎然的農場，也不會有人請我們替他們設計自家農場及花園。所以除了其他副業帶來的收入，我們也要不斷提升農場的規模、發揮最大效用。

無論是否有農耕經驗，大家都知道農夫爲了降低風險，一定會同時種植兩到三種以上的作物，不過在農場種植五花八門的植物非明智之舉。我們在第五章談過，如果想達到最高效率一定要整合分析數據，透過這些方式，布魯克林農場才能知道哪些作物能替公司帶來最多收益。弗蘭納花很多時間設計一款作業系統，用來記錄種植與採收的相關資料，並且能以平方英尺爲基準，計算各種植物與不同品種單位產量與利潤。不過我們不會將所有成本列入考量，精確算出每項作物的淨值。例如，不會把綑綁迷你胡蘿蔔所需的作業時間，以及使用的橡皮筋成本列入計算。如果想知道各項作物在每一季能替農場帶來多少收益，只要計算總銷售額，例如：批發、零售，還有社區支持農業（CSA）等通路，接著再統計所需的種植土地面積（以平方英尺爲單位），最後將銷售額除以土地面積。就以血緣相近的紅番茄與祖傳番茄（heirloom tomato）爲例，雖然紅番茄的單價比樣貌特別、受人歡迎的祖傳番茄還低，但是卻能替農場帶來更多利潤，因爲統計數據顯示，紅番茄每一季的產量是祖傳番茄的兩倍。此外，我們也知道沙拉用的綠色葉菜與芝麻菜帶來的利潤，比其他作物高出一點五倍。雖然胡椒的產值很高，但是將胡椒做成辣醬之後，利潤就會提升二點五倍。分析出這些資料後，我們就不再販賣新鮮胡椒，反而用它來製作辣醬；畢竟新鮮胡椒容易腐敗，但是辣醬卻能在室溫中保存一段時間。如果能讓寫著「布魯克林農場出品」的醬料擺在超市貨架上，這對我們而言也是一項不錯的行銷策略。

話說回來，收益也不是我們決定是否淘汰某些作物的唯一考量。在農場中保留一些經濟效益較低的作物，也是必要之舉，這樣不僅能維持園中的多樣性，對身為農夫的我們來說也能增添樂趣。絕對不會有人一年到頭只想種植或食用四到五種蔬果。跟紅色牛番茄比起來，青色祖傳番茄的產量確實是少了一截，所以每次在考慮該撤掉哪些植物時，總是會第一個想到祖傳番茄。不過切開那些青色、紫色、橘黃色的祖傳番茄，汁液從色澤鮮豔的果肉流淌而出時，內心的感動令人不忍把這些植物淘汰，也不希望客人從此無法購買這些番茄。此外，豆子採收不易，也賣不到好價錢，不過要是天氣適宜，將剛採收的豆子直接放進嘴裡，清甜的滋味與新鮮三葉草的香氣一樣。雖然我們是務實的商人，但也是飢腸轆轆的農民，因此某些決策多少會受到口腹之慾的影響。要是能不受胃口左右，早就把這些作物當成冷冰冰的存貨而非食物了。

所以我們每一季都會規劃該種植哪些作物，以及栽種的數量爲何。要是某項特定作物的需求量增加，或許會增加種植該作物的土地面積。要是某項蔬果反應冷淡，或者有其他農民以比我們更低的價格販賣那項產品，我們就會將它從下一季的種植清單中剔除。不僅如此，假如某些作物不適合在我們農場生長，或者品質始終無法滿足我們的標準，也會遭到淘汰。在這樣的機制之下，每一季我們都會交替種植大約三十多種植物，其中有五到六種占了農場面積的三分之二，剩下的三十種就屬於布魯克林農場的小眾作物。

若想發展智慧農業，光是挑選適合的作物來栽種還不夠。農民不僅要選擇正確的作物，還要知道該如何銷售，這一點也適用於所有需要販賣產品的公司。我們主要透過三個管道來銷售作物：批發、零售，以及CSA計畫。透過不同銷售管道，就能避免公司失去競爭力。假如某一季葉蚤大軍侵襲農場，將芝麻菜的葉子咬得坑坑疤疤，看起來就像軍校新生第一次打靶練習的靶紙，我們不可能會把這種產品賣給餐廳主廚，讓他拿去做一碗要價十二美元的沙拉。同理，經營小雜貨店的老闆要是看到批發中心的冰櫃裡，擺著鮮綠、毫無缺損的芝麻菜，怎麼會挑選被蟲子咬得東缺一角、西缺一塊的蔬菜呢？況且在市場上，我們出產的農產品通常不會是外型最美觀的。CSA的會員每週都會接到我發出的電郵，內容是向他們描述栽種採收的情況，還有作物的口感風味與保存料理祕方。這些顧客會開心地到我們農場買可口蔬菜做成青醬，再分裝放進製冰盒中，到了冬天就能享受新鮮的田園風味。又或者，這些顧客可能會在舉辦派對時將這些新鮮葉菜做成沙拉，與賓客分享種植蔬菜的農夫是如何辛苦，才能在堅持不用化學農藥的情況下，將這些植物拉拔長大。對某些人而言，聽到這些背後的故事，盤中的食物嚐起來或許會更美味可口。

開發多條銷售通路確實是明智之舉，不過企業的行銷策略也不能過於保守，除了維持農場作物的多樣性，選對正確的銷售管道才能充分發揮農產品的價值。就拿我們的羅勒當例子。我們在農場種了幾個不同品種的羅勒，要是沒有替它們找到適合的客戶，連用來灌溉的水也都白費了。先談熱納亞羅勒，這是全美的 Stop & Shop 與小豬商店（Piggly Wiggly），這種連鎖超市都有販售的義大利甜羅勒。所有家常菜餐館的廚師都知道這項食材，還很喜歡將它入菜。廚師能在平地的大型郊區農場，以每磅五美元購入熱納亞羅勒。但是如果我們比照辦理，可就會入不敷出，所以我們訂的批發價是每磅九美元。一般來說，這個價格已經超出許多廚師與雜貨店老闆的預算，但是零售商店所販賣的熱納亞羅勒，都是每零點一磅兩、三美元。假如在零售店買一磅甜羅勒，可能要付出二十到三十美元，這比我們的批發價高出許多，而且我們的羅勒還是產地直送，所以每逢番茄產季，ＣＳＡ的會員就會向我們購買羅勒，在家製作卡布里沙拉。

談到ＣＳＡ的會員，在眾多羅勒中最受他們喜愛的品種就是紫羅勒。這種呈現深紫色的羅勒，滋味與甜羅勒相去無幾，只不過葉子的形狀更渾圓飽滿。綠色羅勒容易腐敗，而紫羅勒的保存期限較長，對不想三不五時就要去超市補貨的民眾，紫羅勒是不錯的選擇。此外，做料理時紫羅勒也能替代甜羅勒，因此對ＣＳＡ的消費者來說，紫羅勒是搭配性高、方便入菜的食材。

另外一種羅勒是青檸羅勒，這是一種葉片較小、帶有熱帶香氣的香草。有人說這種羅勒的味道，與Jolly Rancher青蘋果口味的糖果，還有Fruity Pebbles脆片以及荔枝的香味非常相近。青檸羅勒的香味與甜羅勒截然不同，若是直接將青檸羅勒點綴在番茄義大利麵，它那濃郁、充滿熱帶情調的氣味，會讓整盤麵變得十分古怪。我們到市集擺攤時，都會搗碎幾片青檸羅勒葉，讓民眾在攤子前駐足。青檸羅勒的香氣會刺激人的嗅覺感官，大家一聞到香味，便紛紛停下腳步詢問：「那是什麼味道？」我們遞給民眾一小片青檸羅勒葉，並稍加介紹，建議他們可以將這款香草與哈密瓜沙拉或泰式生菜包做搭配，大家聽了都興奮地點頭。不過他們每次來逛市集時，還是只將甜羅勒買回家。

民眾不想買他們不知該如何料理的食材。就連CSA的會員，每季也只購買一、兩次青檸羅勒。如果我們帶六把青檸羅勒到市集販售，最後可能只會賣出兩把，到最後青檸羅勒帶來的利潤，可能會比以批發價出售的甜羅勒還低。那麼到底誰是使用青檸羅勒的專家呢？就是糕點師傅與調酒師。對他們來說，青檸羅勒不易取得，至少要買到像我們這麼新鮮的青檸羅勒並不容易。所以我們就訂出比零售通路更高的價格，以批發的方式將青檸羅勒賣給知道如何使用的專家，這才是明智之舉。

某些植物能分成不同部位，以及在不同的生長階段拿到市場上販售，所以除了選定正確的客群，我們也會種植這些植物來提高營收，櫛瓜的花就是最佳例證。節瓜本身經濟價值不高，而且容易受到病蟲害影響，需要農民費心照顧。不過我們發現，少量種植櫛瓜能替農場帶來營收，因爲櫛瓜花有其市場需求，每一朵櫛瓜花的批發價大約二十五美分，零售價格則會更高。

另外一種能帶來雙倍營收的作物，其實是誤打誤撞之下的美麗產物。二〇一二年，我、葛溫與弗蘭納一起在農場巡視，我走在後頭聆聽他們的談話。那時我剛辭掉調酒師工作，接手布魯克林農場的營銷部門。葛溫則是離開羅貝塔披薩屋，全力掌管我們的旗艦農場，這樣弗蘭納就能將心思投注在布魯克林造船廠的據點。我很清楚要是自己沒辦法大幅提升公司營收，葛溫和我也領不到薪水。所以我一邊想著該如何調整營運模式，一邊與弗蘭納、葛溫走過一排又一排的作物，同時爭辯是否該將產量極低，又容易招徠害蟲的草莓淘汰掉，改種植利潤更高的植物。

就在我們走到種植香菜的區塊時，弗蘭納和葛溫都朝著這群纖細的植物搖頭。因爲氣溫的關係，這些香菜已經開花結果，枝葉也顯得乾癟、了無生氣。就在他們兩人自責疏於照顧，錯過了整理農地、重新播種的最佳時機時，我瞇著雙眼，將頭側向一邊，說：「我有辦法。」我跨過那排田埂，從那堆香菜的枝葉中摘起一顆迷你、閃耀著鮮綠光澤的圓球，放進嘴裡咀嚼。起初那股氣味非常熟悉，仔細感受後又異常陌生。與乾燥香菜葉相比，這顆綠色種子帶有更濃郁的果香與花香，又不失香草植物的特有氣味，入口後的中後段有些許苦味竄出，但是後味卻是令人意外的柑橘香氣。「媽呀，」我呼喊：「我終於想到了！」

二〇一二年，我們總共賣出兩百美元新鮮嫩綠香菜籽，那時我們還傻傻的，像個賣毒品的藥頭，以磅爲單位計價，還花許多時間將香菜籽從莖上採下來。我們在下一季將香菜從莖的底部剪下直接販售，這樣除了能減少採收時間，廚師也能同時獲得香菜的花，而香菜花正是他們非常喜愛的食材。就這樣，廚師們一傳十，十傳百，布魯克林農場的名子就這樣傳開來。二〇一三年，香菜籽的銷售額高達一千兩百五十美元。每間餐廳都拜託我們提供香菜籽，因爲他們在其他地方找不到。二〇一三年末，與我們合作的一位廚師提到，有一座在賓州，由艾美許（Amish）農夫設立的蘭卡斯特農場，在他們的作物價目表上加了香菜籽，而且售價跟我們一樣。一般來說，在我們不知該如何訂價時，會參考蘭卡斯特或是其他地區農場的售價。發現其他農場也參考我們的價目表時，覺得相當自豪。

不僅如此，我們也特別了解廚師的需求，知道該如何跟他們做生意。自從發現香菜籽之後，我們就開始注意農場中是否還種了其他「鑷子食物」（廚師有時候會用鑷子，夾取某些香料或顏色鮮豔的食材替料理加以點綴，我們將這些食材稱爲鑷子食物）。酢漿草就是另一個例子。酢漿草生長在濕度較高的區域，受到熱衷擺盤的廚師喜愛。廚師每次向布魯克林農場訂購農產品時，都會加購一小袋酢漿草。光是那一小袋，就等同訂單中其他蔬果總價的百分之十到十二。

廚師常向我們訂購農產品，而且餐廳就在農場正下方，所以我們漸漸了解他們的需求，讓團隊知道該如何調整營運方向，提升公司利潤。很多廚師都會使用種植在淺盤中，密集生長的矮小蔬菜苗作爲擺盤裝飾，這些蔬菜苗大多都是從芝加哥的某座農場運到紐約。發現廚師的這項偏好之後，我們開始在淡季期間，於溫室中種植蔬菜苗。經過長時間的研究、嘗試與挫折，我們的農場經理麥特・傑佛森（Matt Jefferson）成了栽種食用蔬菜苗的專家。食用蔬菜苗每月都能替公司帶來營收，這是布魯克林農場第一項一年四季都不會間斷的收入來源。

時時刻刻掌握公司各部門的營運動態，已經令人頭昏腦脹了，更別說追蹤五花八門的收入來源。要同時管理公司各部門，祕訣就是要有一套中央系統。布魯克林農場有一支核心團隊，負責協調公司三個部門的溝通聯繫、會計，以及總務等工作，這種做法能大幅提升作業效率。布魯克林農場的規模這麼小，各部門沒有足夠預算請我幫忙公關宣傳，也請不起公司財務長梅麗莎替他們記帳或訂購事務用具。他們連辦公室都租不起，怎麼可能請得起部門經理呢？

梅麗莎能將公司的財務打理得井然有序，實在了不起。葛溫執行計畫時衍生的開銷既複雜又精細，還有公司舉辦活動時的支出與手續費，以及公司各部門的共同開銷，最後再加上可觀的農產品數量、導覽活動，以及開給企業和客戶的發票，能將這些紛繁的項目理出頭緒，梅麗莎的工作能力令人刮目相看。雖然梅麗莎的工作並不會直接創造收益，但是如果沒有她，公司的生產力也會降低，因爲我們必須撥出額外時間處理這些帳務。此外，我們不確定公司有哪些業務能帶來大量利潤，哪些營運項目不斷虧本。之前，弗蘭納曾進行這些數字運算，但每次等到他將財務狀況分析出來時，傷害已經造成，公司早就虧損一陣子了。梅麗莎改善布魯克林農場的盈利狀況，她的貢獻難以衡量。每次想到她的努力，我們都感激不已。

另外，我與柴斯負責溝通聯絡與外部事物，這兩項工作替公司帶來許多正面效益。我熱愛寫作，動筆寫一篇部落格文章或一本書，都比在農場工作有趣多了。柴斯在社群媒體花了不少時間，不知道其他人看到他雙腳翹在桌上，一邊拍照一邊想主題標籤（hashtag）時心中是怎麼想的。後來我們在活動申請表格中增加一個欄位：「您是透過哪個管道得知敝公司？」這時候大家才了解，原來我與柴斯的工作有多麼重要。唯有讓公司的作業流程有條理、公開透明，業務才會蒸蒸日上。我們在社交平台Instagram發了一張染料植物工作坊的活動照片，預告下次課程時間，結果網友相當踴躍，那堂課立刻報名額滿。不僅如此，接受歐洲的媒體採訪之後，我們便受邀出席國際研討會，還能領取演講費。每逢冬天淡季，這些外快是很重要的收入。此外，我們會替報章雜誌撰寫文章，教民眾如何在住家後院蓋一座花園，順便宣傳我們的架設綠色空間服務。你們猜，這些額外服務能替公司帶來多大效益？

這些組織分工有時看起來過於複雜，令人眼花撩亂。以前，我們會羨慕高譚綠園（Gotham Greens）屋頂水耕農場的團隊。他們的工作是種植蔬果、分裝打包，還有販售萵苣、羅勒與番茄，沒有提供婚禮場地，也不用推著辦活動的器具來回奔走，更不會有人在他們耕種時在身旁拍照。我們沒有選擇這樣的營運模式，因爲我們農場中的作物有季節性，而他們的蔬果產量一年四季都非常穩定，要是我們不開發其他收入來源，早就關門大吉了。我們相信高譚綠園在創新的經營理念之下，其團隊一定都忙著管理農場的大小事務，還要兼顧不斷擴張的產業。不過他們的營運模式不適用於布魯克林農場。

對布魯克林農場來說，除了各項業務與收益來源，我們最珍視的是與所在社區的密切互動。畢竟跟民衆在農場度過的那些時光，才是我們最開心、回味無窮的片刻。金錢並不是我們用來衡量成功與否的唯一標準。

在本書，我們花很長的篇幅談如何與其他企業合作、提高收益，爲什麼呢？道理很簡單，因爲對我們與其他規模不大卻擁有雄心壯志的企業來說，要是財務不穩定，公司會分崩離析。雖然我們權衡各項業務的輕重緩急時，仍然會參考財務報表，以獲利能力爲考量依據，但是身爲追求三重基線（財務、社會、環境）的社會企業而言，金錢絕對不是首要的評判標準。

對布魯克林農場來說，文化資本比帳戶餘額來得重要。在屋頂農場與顧客和居民建立的連結、營運過程中學到的經驗、跌倒之後失而復得的希望、工作團隊許下的承諾，這些才是讓我們感觸最深，最難以忘懷的無形資產。雖然我們討論的重點都聚焦在如何替公司創造更多利潤，但這都是因爲我們必須強調，很多人在追尋夢想的過程中，很有可能會失去精準的眼光與清晰的頭腦。要不是經營農場能讓工作團隊跟周遭的社群有所連結，這些數字與獲利對我們來說毫無意義。

第九章

眾志成城

——不可或缺的合作夥伴

假如訪問我的同事，問他們最喜歡布魯克林農場哪一點，答案會是農場裡的人。他們口中的人，不只是工作團隊的同事。在布魯克林農場，除了公司員工還有許多機構團體在此駐紮，他們替農場注入許多新鮮多元的特質。

都會農民（City Growers）是與我們合作的組織之一，這是一家非營利的教育機構。他們於二〇一一年創立，至今已經帶領一萬四千多位紐約青少年到我們的屋頂農場，讓他們認識盤子裡的蔬菜水果以及何謂農耕。此外，還有難民與移民基金會（Refugee and Immigrant Fund, RIF），這個組織希望讓尋求庇護者、難民與移民到農場接受訓練，一方面學習工作技能，也讓他們學習英語。由布魯克林當地的媽媽、營養師，還有堆肥專家安妮・霍克勞森（Annie Hauck-Lawson）博士創辦的機構布魯克林媽咪堆肥組織（Brooklyn Mompost），也是布魯克林農場的一份子，安妮向我們租一塊農場空地，在那裡生產製造堆肥。另外，來自紐約城市技術學院園藝社的學生，跟帶領他們的馬克・賀勒曼（Mark Hellerman）教授，隨時都可能造訪農場，照顧他們負責的花圃。而阿樹先生（原田芳樹）則是以全身黑的造型，在烈日下於農場中穿梭，檢查、修理他裝設的感應器。就在你覺得農場已經夠擠了，這時還有單車自由行（Get Up and Ride）的腳踏車隊前來參訪，這十二位來自荷蘭的訪客，都戴著耳機專心聽導覽。整座農場就像馬戲團一樣鬧哄哄，不過我們樂見其成。

過去幾年，很多公司稱呼社群媒體上的追蹤者為「社群」，但是對我們來說，社群的意義截然不同。媒體滲透人類的日常生活，這種現象在大都市更顯著。就算身處人潮洶湧的街區、狹窄的街道與地鐵，還有鬧哄哄的咖啡店，大家還是低頭滑手機、聽音樂，在交友軟體上左右滑動，希望能在網路上廣結良緣，而不是抬起頭，好好觀察身邊形形色色的人。在眞實世界，人際之間的交流與互動現在已經愈來愈少見。

在布魯克林農場，所有人都會面對面，迅速認識周遭的每個人。農場能讓你立即感受他人的存在。你會發現其他民衆的雙腳，與你一起在狹窄的農地花圃中踩踏，別人遞一盒櫛瓜給你時，他們靈活柔軟的手臂肌肉也呈現在你眼前；身上的汗水與防曬油的氣味，以及因沾染番茄藤上的粉末而變得斑駁漆黑的雙手，對感官來說也是相當鮮明的刺激。就某種程度來說，我們的農場就像避難所，讓都市人逃離這個資訊時代的疏離生活。在布魯克林農場，大家都能面對面交談，就連生性害羞的農夫，也會因爲需要學習新知或是碰到困難需要向別人討教而開口發問，而且在耕種的世界裡，一個簡單的問題可能要耗費許多時間解釋。就在你跟另一位陌生人面對面蹲了四十五分鐘，從植物的莖上挑出一隻難聞的南瓜瓢蟲時，你們也會天南地北地瞎聊，好讓自己暫時分心，忘卻辛苦的工作。

除了與耕種中的農夫交談，在農場還有機會與外界的人接觸。像是我們準備搭電梯上頂樓，搭同電梯的大樓住戶也會問我們當季作物。前來參加「包肉紙餐會」的賓客，拿不到遠方的玉米或是農莊辣醬時，也不得不跟對面的客人打招呼，請他們幫忙。有一次，我們還親眼目睹某位賓客，用沾滿調味粉的手抓了螃蟹腳，將它遞給另一位毫不相識的陌生人，透過這麼簡單的舉動，他們兩人便交換聯絡方式，還答應保持聯絡。

我們在農場互相鼓勵，也提倡社群意識，這就是布魯克林農場的獨特之處，也更有機會對社會發揮影響力。肢體接觸與交流的重要性，對我們來說再清楚不過了。我們不希望自己的孩子長大後，每天只在冷冰冰的臉書上發送笑臉，而看不出人們臉上眞正的表情變化。我們期待自己的農場能在所處的社區網絡中，成爲大家聚會交流的場所。

不過，讓大家能運用這個場地交流的同時，還是要兼顧公司營運，所以也不能讓場面變成混亂的派對。我們還得工作！如果我們只想成天玩樂，開一間酒吧不就得了？我們希望能將生產力、創新的思維與社會面向三者結合，跟其他人共同集思廣益想新點子，所以我們會精挑細選，尋找適合自己的合作夥伴。我們會主動接觸跟自己理念相近的組織，有些志同道合的企業也會主動聯繫我們，假如這些組織很重視、提倡正面的社群意識，我們就會展開雙臂邀請他們加入這個馬戲團似的農場。

所以跟我們合作的組織非常多元，就跟收入來源一樣來自四面八方。但我們在判斷是否該締結合作關係時，營收與利潤並不是主要考量。我們都知道該如何透過農場創造營收，身爲企業經營者，這一點我們相當在行。不過跟我們合作的機構或個人到農場來發展自己的業務時，也必須對農場有所貢獻。換句話說，爲抵銷他們占用的時間與空間，這些單位必須有所回饋。我所說的合作策略，並不是要這些組織替農場帶來金錢收益，而是跟社群互助有關。

找到適合的合作夥伴像是如虎添翼，團結合作比單打獨鬥要強大許多。時下熱門的共同工作空間就是最佳例證。共同工作空間指的就是一個能讓獨立合約員工，或是自由工作者一起工作的辦公空間。之所以會有人設立這種共同工作空間，絕大部分原因是因爲房租與管理成本愈來愈高。不過贊同這項理念的群眾都認爲，加入共同空間之後，他們最大的收穫就是社群意識。共同工作空間的使用者，通常是來自不同領域的專家。雖然專長各異，不過他們理念一致，透過這項連結，他們就能和諧共存，而且提高生產力。他們可能會介紹工作給鄰座的朋友，或是用客觀的角度替另一支工作團隊檢查新的企劃案是否有缺失。或許在共同工作空間的插畫設計師，會替隔壁的作家繪製下一本書的封面，而新書發表會則交由另一位活動製作人承辦。

同理，我們的農場也能讓民眾面對面交流，因此吸引許多組織機構與我們接洽，但是唯有相同的經營理念才能緊密合作。我們有自信，相信公司的業務無懈可擊，雖然這種態度很正面，但是我們也發現自己在某些領域的不足之處。如果能與理念相近的組織攜手合作，就能觸及更廣大的客群。例如二〇一〇年，陸續有人與我們接洽，希望到農場參訪，其中竟然有幾間學校希望能帶學生來參觀，對此我們感到興奮。起初，前來接洽的都是有充足資源與時間，能夠規劃校外教學的私校老師，而且他們也支付了補助金，向我們保證有足夠預算能舉辦參訪活動。我們都覺得太棒了，又有收入了。所以我帶著這些孩子參觀農場各角落，研發各種遊戲與課程，把農場打造成學習實驗室。

後來有一間資源不足的學校跟我們接洽。他們是美國教育部認定的弱勢學校，這些中小學都致力於改善、提升弱勢孩童的學習環境。這些弱勢學校通常是資金不足的公立學校，甚至購書預算都沒有，學生家長也無法負擔校外教學費用。所以我們首開先例，無償讓這些學生參觀農場。

這次經驗讓我們意識到，原來在都會區實行環境教育有多麼重要，以下這個故事能讓你知道爲什麼我們會有這種感觸。這群參訪學生年紀從十到十二歲，他們的學校是位於布魯克林貝史蒂（Bed-Stuy）的公立學校，這個地區的居民都是勞工階級，當地有一句廣爲人知的口號：「若不努力工作，就等著餓死吧，貝史蒂！」絕大多數學生都瞪大雙眼，驚奇地看著位於頂樓的農場。農場所在的大樓給他們的第一印象，可能就是爸媽每天上班工作的無聊場所。我問他們，是否曾經在學校上過關於食物與農耕的課，所有人都搖搖頭。

「我猜，你們應該上過跟環境相關的課吧？」我繼續問，準備從環境切入，將主題帶回糧食與農耕。

「有啊，但是環境跟我們又沒什麼關係。」後排某位男孩說道。

「怎麼說呢？」我問。

「環境就在那邊啊。」他舉手往遠方地平線某處指去。

「在哪裡？」這時候我搞不清楚狀況，不知道那個男孩說的究竟是哪裡。我只看到遠方停放好幾列等待專人維修的故障火車。

「那裡！」那個孩子大喊，覺得我問一個蠢問題而翻白眼。「環境就在有一堆樹跟一堆東西的地方！」

我放聲大笑。換作是你，能忍住不笑嗎？那孩子清楚告訴我他的世界觀，這一刻實在太逗趣了。年紀漸長，成年人總會忘記小孩子跟自己不一樣，他們眼中的世界不如我們所知的那樣寬廣；至少對一個小小紐約客來說，世界非常小。對他而言，每天究竟能有多少機會認識紐約大都會以外的世界呢？他知道生活中的所有日用品，這些伸手可及的各式商品不是源自街角的那家雜貨店，而是在世界各地生產加工，最後才來到紐約的嗎？在他生命裡，是否曾經察覺原來自己的一舉一動都與「環境」息息相關呢？現在全世界有半數以上的人口都住在都會區，這就是現今多數孩童身處的環境。許多小朋友在成長過程中，早上醒來就是要搭電梯，由上往下直通地鐵站，接著抵達混凝土建造的學校。上課時他們會透過窗戶，往外看著另外一座由混凝土搭建的小小世界。

我們憑什麼期待下一個世代的都市居民，會了解他們消耗資源、處理廢棄垃圾，都對全球的生態造成影響呢？

想到能讓這些孩子徹底改觀，讓他們了解自己與糧食之間的關係，我們就熱血沸騰，所以當另一所想來屋頂農場參訪，但付不起費用的弱勢學校來接洽時，我們又再次破例答應。後續又有十組這樣的弱勢學校來參訪，我們發現自己用來接待這些學校的時間愈來愈多，逐漸壓縮到照顧農場的時間，也無法把心思放在其他需要來農場學習的小朋友身上。

不過，我們面對這樣的挑戰時並沒有退卻。後來我們開會討論，希望能制定未來的農場教育計畫。當時是二〇一一年春天，葛溫剛生下大兒子奧托，同事也在這時第一次見到小寶寶。看到可愛小嬰兒時，我們都覺得自己成了爸爸媽媽。葛溫在那時就提議，乾脆制定一個眞正的教育計畫，而且不要收取費用，讓那些眞正需要來農場參觀的孩子，能夠免費享有教育資源。聽到葛溫的想法之後，我們都表示支持。把教育計畫與販賣農產品兩種行爲等量齊觀，都當成收入來源，這實在太不合理了。蔬菜是有市場需求的商品，但下一代的教育卻是在地社群能善加運用的服務。

成立教育計畫的另一個理由，是因爲我並非教育專家，我自己也是一邊帶團一邊學習。有時候我還算有模有樣，甚至比眞正的老師還稱職，像是有一次我用研缽和研杵與一碗滿滿的檸檬汁，來模擬雞的消化系統。不過有時候學生問我：「爲什麼沒有公雞，母雞也能生這麼多蛋呢？」還用狐疑的表情看著我，我會瞬間顯得手足無措，趕快抬頭看著那些帶團的老師跟他們求救（有一次，某伕老師將問題重複一遍：「對啊，沒有跟公雞結合，這些母雞怎麼生出蛋呢？」）雖然我們大可請一位在志工團服務的碩士生，來管理農場的教育計畫部門，並且繼續跟那些資金充足的學校收費，不過我們都認爲這種做法沒有替社區帶來益處。因此葛溫開始申請冗長繁雜的「501(c)(3)」稅法條款，這項條款隸屬於美國國稅局（Internal Revenue Service, IRC），當中闡明哪些非營利團體能享有稅收減免的優惠。葛溫希望能通過申請，成立一個明確的非營利教育組織，我們就將這個組織稱爲「都會農民」。

幸運的是，都會農民在籌備初期就獲得伊利斯．李（Ellice Lee）鼎力相助，她是弗蘭納之前參加企業導師計畫時認識的一名女子。葛溫與伊利斯還有我，三人按照法規一步步建構出這個組織。成立組織需要經過繁雜的行政程序，像我們這種無須繳稅的機構更是如此，畢竟政府總覺得要獲得免稅的福利，就不得不經歷這些文件的轟炸。例如，葛溫提出第一份交給國稅局的申請文件，光是初審就等了好幾個月，最後還被退件，因爲我們忘記在文件中載明機構解散之後，會將所有資產交還給社區。結果我們的申請流程又被打回原點。更複雜的是，國稅局會特別注意那些跟營利組織有合作關係的非營利組織，像布魯克林農場與都會農民之間的關係就是如此。他們想要確保我們沒有利用這些慈善活動，收取不需繳稅的慈善款項，接著再用這些錢支付員工薪水，暗中扶持那些營利活動。

過了大約一年，這個組織終於如期成立，並與政府單位合併。我也透過募資活動，替都會農民招募不少資金。此外，我們與另一個非營利組織合作，請他們擔任「資金導管」的角色，這樣我們就能正大光明收取捐款，也不會影響機構的法律地位。都會農民正式成爲符合「501(c)(3)」稅法條款的免稅非營利機構之後，伊利斯找到一群強而有力的董事，葛溫也成功寫出一份架構清晰的補助提案報告，我們準備招募菁英，接管這個剛萌芽的組織。

最適當的人選就是能幹的卡拉．查德（Cara Chard）。卡拉的前一份工作是在公立學校當老師，她非常了解到農場參觀的孩子心裡在想什麼。身為新手農夫，她親自體驗那種初次接觸自然世界的驚奇感受。身為都會農民的執行長，卡拉與布魯克林農場的共同創辦人一樣，忙著監督組織的教育工作與其他業務。但是卡拉最適合這項職位的原因是因為她身邊有一位小小都市農夫，就是他的女兒查蒂．菲依（Zadie Faye）。

二〇一二年初，卡拉接管都會農民時，查蒂約兩歲。卡拉開始上班後，查蒂幾乎每個禮拜都拜訪農場，而且她跟我們這些共同創辦人一樣非常融入農場環境，整個人舒適自在。查蒂跟著卡拉參加農場聚會時，不僅活力十足也跟得上大人的腳步，還會拉著媽媽的袖子，說：「媽咪，我要去跟蟲蟲打招呼！」她會主動向身邊的人介紹在堆肥中扭動的紅蚯蚓，並以農場小主管的身分，踏著自信的步伐檢查農地與作物，驕傲地念出蔬果的名稱，大聲報告每一株植物的生長進度，像是：「瑞士甜菜，做得好！」或「這一區是胡椒，它們很辣喔！」比起農場的蟲子、蜜蜂，或是我們飼養的雞隻，查蒂最喜歡農場中各種綠意盎然的植物與香料，離開前還會跑到都會農民向布魯克林農場承租的教育苗圃搜集落葉，最後才心甘情願回家。

查蒂在農場時散發出與自然環境融爲一體的特質，這一點令人感動。跟那些與樹木花草保持距離的孩子比起來，查蒂的存在帶給我們無窮希望。雖然查蒂是少數特例，但是我們能發揮影響力，讓其他孩子跟她一樣享受大自然。

在都市生活已久的孩子來到農場，他們拋掉的舊觀念比學到的新知識還多。卡拉常說，到農場戶外教學能破除腦中的舊思維。例如，大家會覺得土壤很髒，碰到土之後需要洗手，蔬菜很噁心，蟲子令人厭惡，蜜蜂讓人嚇得屁股尿流，一看到昆蟲就要立刻叫人撲殺。對絕大多數的孩子來說，他們所知的昆蟲只有臭蟲、跳蚤、蝨子、蟑螂，或是在屋裡侵占人類地盤的螞蟻。所以要將他們的觀念導正，告訴他們其實蟲子、蜜蜂、瓢蟲，還有螳螂這些昆蟲其實是農夫之友，應該張開雙臂予以歡迎，而不是揮手驅趕，這是一件非常不容易的工作。不過幾乎來農場參訪的學校團體，離開農場時都徹底改觀，了解要有這些蚯蚓小蟲，土壤才能蘊含豐富養分；有了蜜蜂，人類才有營養健康的食物可以享用。不過要是學生赤手挖蟲箱尋找紅蚯蚓之後，或一邊開心尖叫一邊把手中蠕動的蚯蚓交給下一位同學，這時若立意良善的老師叫大家集合，用抗菌溶劑替學生消毒，那我們費心推廣正確的觀念也就白做工了。

不過，就算老師的潔癖再怎麼嚴重，也擋不住學生第一次從土壤中拔出胡蘿蔔時，那激動的歡樂之情。他們興奮的呼喊聲，在農場另一端聽得一清二楚，那些叫聲有時聽起來令人毛骨悚然，彷彿他們被人從屋頂往下拋。但若是從土壤中拔出一條八英寸長的植物塊莖，拿到他們面前晃呀晃，這群孩子就會被逗得樂不可支。以前只有看到影視名人或拿到新款電動遊戲，小朋友才會如此興奮激動。學生初次嚐到酸模草的反應，也令人印象深刻。學生對這種酸味十足的綠色香草植物不熟悉，通常會在感謝回饋單上把酸模（Lemon Sorrel）的寫法拼成「Lemon Swirl」或是「Squirrel」，殊不知酸模跌破眾人眼鏡，受到學生喜愛。誰知道這種對大人來說酸到難以忍受的作物，對小孩子竟然是滋味美妙的享受。造訪過布魯克林農場的小孩子，最喜愛的作物就是酸模。

讓小朋友對蔬菜產生熱情，乍看之下只是幫父母大忙，解決小孩挑食的毛病，但背後的效益不僅如此。很多來農場參觀的孩子都是出身單親家庭，或他們的父母需要兼很多份工作，最糟的狀況是有些孩子的爸媽找不到工作。這些家庭處境艱難，所以他們在預算有限下到超市採買時，很擔心沒辦法買足一個禮拜的食物，根本不可能有多餘的錢買沙拉給孩子吃。他們唯一在乎的是，希望孩子能攝取足夠的卡路里，才不容易饑餓。但大部分家長買回家的都是一整包冷凍漢堡排，或是一大袋麵包。我們很清楚，要是孩子沒有攝取足夠的營養，最後會導致何種後果。到農場參訪的學校團體，通常會有一、兩個清寒家庭出身的孩子，身高比同儕矮了好幾公分，他們因爲缺乏鈣質，骨頭過於脆弱而常骨折，所以手臂或大腿打上石膏。不僅如此，這些孩子時常抓起一大把小黃瓜或小番茄往口袋裡塞。

看著飽受飢餓之苦的孩子令人心碎，弗蘭納、葛溫、柴斯與我常常討論，是不是能多盡點心力解決這個困境。然而農場還是需要繳房租，所以除了看到孩子偷農作物時網開一面，也沒辦法將作物捐贈給糧食銀行，沒辦法發揮更大的影響力，否則農場會付不起員工薪水、房租與保險，最後連執行教育計畫的資金都籌不出來。既然沒辦法解決城市裡的每個問題，我們只好將自己的專長發揮淋漓盡致，透過教育與倡導活動讓大家改善環境，提升公民對糧食與農耕議題的意識。這就是爲什麼我們一直試著尋找理想的夥伴，並締結合作關係，進一步協助這些組織機構，讓他們在布魯克林農場不擅長的領域繼續耕耘發光。我們與都會農民的合作關係，背後就隱藏這層動機。他們不用擔心要找結構工程師來合作，也不用煩惱搭建溫室，或者四處尋找業主，這些工作交給布魯克林農場來就好了；而負責教育下一代糧食使用者的重責大任，就由他們一肩扛起。

現在我們要介紹另一個與布魯克林農場往來密切的組織。聽到有人將農場蓋在建築物頂樓，對這個組織的成員來說，或許只是他們顛沛流離人生，另一件難以想像的奇事。在難民與移民基金會策劃的都市農場復原計畫中，身爲計畫成員的難民、尋求政治庇護者與移民，通常是隻身抵達美國，而且在逃離祖國的過程中痛失至親。除了孤苦無依，他們還要適應異國的習俗與陌生的語言。基金會創辦人瑪莉亞．布雷克布萊爾（Maria Blacque-Belair），是在二〇一〇年夏末與我們接觸。她的住家離旗艦農場不遠，後來親自到市集攤位跟我們見面。瑪莉亞有一頭蓬鬆的紅色捲髮，身上寬鬆上衣是由天然纖維織成，看起來像是某位長期生活在副赤道地區的居民。瑪莉亞語調低沉，講英文的法式口音清晰可辨，她介紹新朋友讓我們認識時，總是先大力讚揚他人的優點。瑪莉亞從來不曾獨自現身，每次她到農場身旁總是有人陪同，有可能是她在無國界醫師組織的同事，或是某位正在寫劇本，描述受迫害難民故事的劇作家。

初次與瑪莉亞碰面時，她散發出的熱情與對自己新創組織的投入，立刻吸引我們所有人。她當時獲得一筆補助款，準備將這筆錢運用在那些到綠色產業受訓的難民身上，作爲他們的生活津貼。此外，瑪莉亞希望能帶她的計畫參與者到農場跟我們一起工作。除了學習如何在屋頂上務農，瑪莉亞希望能與布魯克林合作，讓這些來自難民與移民基金會的農場實習員能適應新環境與新文化，同時增進他們的英語能力。我們答應跟瑪莉亞合作，隔年春天就有三位全身裹得緊緊的非洲人到現場，他們在攝氏五度的天氣中看起來相當痛苦。

後來我們漸漸體會，原來這些來自基金會的實習員需要面臨極大的痛苦與挑戰。

有些人在國家內戰或是種族屠殺中喪失摯愛的家人；有些人遭到激進武裝份子追殺，到了美國也無法安心生活；有些女人則經歷殘酷的女性割禮。很多人在等待法院判定他們在美國的身分地位，都暫時住在庇護所。裁判結果通常要等好幾個月，甚至好幾年才會塵埃落定，有時候甚至要陳情上訴。在這段過渡期，移民法規禁止難民領取工資或是申請政府補助。

第一季過後，我們與首批來農場的實習員變得非常親近。佛羅倫斯會陪葛溫一起練習她的破法語，觀（Gwen）也會教佛羅倫斯講英文。我教凱蒂如何上網，而曾經在剛果共和國擔任某個非營利人道援助組織執行長的艾瑞克，現在是農場中最受歡迎的堆肥管理者。艾瑞克一大早要先送報紙，工作結束後才能來農場幫忙，但是他翻攪堆肥的動作輕鬆熟練，令大家難以置信。

瑪莉亞每次都說，能到農場學習幫忙，對都市農場復原計畫的參與者是相當寶貴的經驗。沒錯，農場確實讓這些實習員有機會呼吸新鮮空氣、活動筋骨，避免陷入憂鬱情緒。透過團隊合作，原本對英文陌生的他們也已溝通無礙。但是我們從這些實習員身上獲得的，比他們從我們這裡學到的還多。艾瑞克每天早上到農場時，會給所有人一個大擁抱。雖然某些人剛開始會害羞，不過肢體語言能打破不同文化之間的禮節差異。艾瑞克剛到美國時，沒有親朋好友能讓他抱一抱。對他來說，農場讓他感受到一種社群意識，但是這種感覺對我們來說卻是稀鬆平常。艾瑞克非常感謝農場能帶給他歸屬感，這也提醒我們，讓布魯克林的工作團隊知道要珍惜身邊美好的人事物，以及自己如此幸運的人生際遇。

合作關係第一季開展，三位實習員來到農場受訓之後，整個計畫就在麥特．傑佛遜的管理下茁壯成長。他先前在和平工作團的經驗與理念，與瑪莉亞對整個計畫的目標不謀而合，所以他們倆並肩合作，希望發揮更大的影響力。我們最初的目的是希望透過農場工作，安撫這些難民動盪的心靈，但是現在企劃案已經發展相當成熟，讓這些實習員獲得更多協助。現在我們也在難民與移民基金會的「庇護扶持研討會」計畫中開設工作坊課程。葛溫負責一堂電動工具使用入門課程，這堂課的內容對新手木匠或建築工人來說非常實用。我則是開課教大家如何申請食品操作員證照，有了這張證照，原本只能領最低工資的餐廳服務生，就能在餐飲業中擔任管理階層，領取較高的工資。弗蘭納在綠色產業職訓，與文化整合這兩方面開課分享經驗。某位參加過工作坊課程，並且順利結業的基金會學員羅德里格，就順利參與紐約政府的就業安置計畫，現在成為製片助理。泰奈成功考取食品操作員證照，目前正在研發一款以家鄉布吉納法索傳統食譜製成的薑汁飲料，未來準備在市場上生產販售。

今年五十三歲的泰奈，花了十二年在司法機構來回奔走，希望能正式取得難民身分。現在，泰奈的女兒終於能踏上旅程，到母親的第二個故鄉與她重逢。母女一見面，泰奈就直接將女兒帶來農場。流離遷徙幾千英里，最後到美國這個陌生異地，許多難民與移民基金會實習員都認為，布魯克林農場就是他們的歸宿，這裡的工作團隊是他們的家人。

與難民、移民基金會，以及都會農民合作之後，像我們這樣原本無法提供充分資源，難以協助各族群的小企業，終於能發揮一己之力提倡社會正義。唯有締結適切的合作關係，其他組織才能借助我們的資源成長茁壯，布魯克林農場也能獲得他人的力量，成就那些無法靠單打獨鬥完成的目標與理想。不過要是少了好夥伴，布魯克林農場跟這些非營利組織今天也沒辦法站在屋頂上。我所說的合作夥伴就是大自然。農耕的本質，就是與大自然相互付出的對價關係。

到目前爲止，我們提過維持公司財務狀況的重要性，也談到該如何拓展各項業務，跟不同領域的組織合作藉此拓展服務客群。但是布魯克林農場的核心價值，其實是要尋找能跟大自然和諧共存的方法，唯有透過這個方法，我們的所有業務才有辦法發展。這是相當基本的觀念：我們與大自然的關係，就是建立在「我不惹你，你也不要惹我」的基礎上。舉昆蟲爲例，有些經營有機農場的農民表示，他們利用「有害生物綜合管理」（Integrated Pest Management），對環境影響不大的方式來殺死對農作物有害的昆蟲。身爲農夫，我們絕對不會用高劑量農藥來轟炸自己的菜園，知道爲什麼嗎？假如將農地的昆蟲全部消滅，那些以吃害蟲維生的鳥類就不會再造訪農場。等下一季昆蟲大軍又現身農場，牠們的數量會暴增兩倍，農民就需要購買兩倍的化學殺蟲劑來解決這些害蟲。等到這些昆蟲對殺蟲劑產生抗藥性，農民就只好另尋新的藥劑重新噴灑一遍。走到這步田地，大自然大概也在想：「你當初不該把情況搞成這樣。」

我們學習農民前輩與昆蟲共存的辦法，成功避免踏上歧途。我們順其自然，讓大自然按照原本的方式運行，盡可能不要插手、多管閒事。有一次，我們在農場發現番茄天蛾的幼蟲，之前農場沒有出現過這種蛾，剛開始以為那是月斑天蠶蛾的幼蟲。月斑天蠶蛾的樣貌非常美麗，雖然牠們對楓香樹以及胡桃樹有害，但蔬菜卻不是牠們下手的目標，所以起初我們不在意。但是這隻蟲竟然當著我們的面，幾秒鐘就把番茄的葉子啃得精光。大家倒抽一口冷氣，趕忙在這隻蟲啃噬整座農場之前把牠捏起來。更令我們害怕的是，這隻蟲竟然同時舉起頭部與呈顆粒狀凸狀的黑色後角（正是因為這根黑色觸角（horn），番茄天蛾的英文稱為「Tomato Hornworm」），噴出一坨綠色黏液，把我們嚇得驚慌失措，大家放聲尖叫。我們立刻把那隻蟲交給雞群處理。整群雞立刻一場角力賽，直到體型最健壯的雞獨占整隻蟲，其他雞才跑去騷擾體型矮小、剛從土裡挖出一條蟲的小雞。不過那隻小雞動作迅速，在其他雞隻前來瓜分前就貪婪地把小蟲吞下肚。

把天蛾幼蟲丟給雞群玩弄看起來很殘酷，不過利用無化學物質的殺蟲藥劑能滿足另一種施虐的快感。我敢說，一定有許多農夫跟我們一樣抱著幸災樂禍的態度，看著蟲子死於殘忍的「有害生物綜合管理」法。假如哪天灑水器的主閥漏水，播種機也故障，而且天氣熱得要命，導致芝麻菜來不及二次採收就垂垂老矣。這時候農夫一定覺得非常不高興，希望至少還有一、兩件事是在自己掌控之內。假如這時候有一群蚜蟲正在蹂躪甘藍菜，那實在非常抱歉，請不要怪農夫拿稀釋過的辣薄荷液態橄欖油皀往農地灑。這種液態皀會腐蝕蚜蟲身上的蠟質層，讓蚜蟲在絕望中乾燥脫水，最後在烈日中留下乾癟的軀殼。

我們也不想花時間背著噴霧器，檢查每一排作物是否均勻灑上肥皀水，採收時還要特別留意，是否有將蔬菜上的肥皀水沖洗乾淨。我們寧願讓瓢蟲出面，讓牠們跟蚜蟲交戰廝殺。農場有爲數衆多的瓢蟲，不曉得牠們是怎麼爬到頂樓的。你有看過瓢蟲大快朵頤，享受蚜蟲大餐的實況嗎？那場面實在太美了。在瓢蟲短暫的生命週期，牠們能吞下成千上萬隻蚜蟲，捕食的總量比瓢蟲自己的體重高出五千倍。要不是因爲工作繁忙，我們還眞想整天坐在農場，欣賞瓢蟲大開殺戒的模樣。

除了蚜蟲，我們還要忙著把農地上保護作物的布罩蓋好，以免頂樓強風將棚架吹垮。雖然時常徒勞無功，但還是不能掉以輕心，以免葉蚤大軍入侵剛完成播種的苗圃，讓綠色作物被咬得坑坑疤疤，看起來像是經歷一場老派西部槍戰的木門。在農地搭起遮蔽篷布，是對付這些小混蛋最有效的辦法。搭建篷布主要是能達到預防的功能，在作物感染蟲害之前先將農地封起來，不然那些難纏的小壞蛋會大快朵頤，把農民的作物吃得一乾二淨。不過布魯克林農場的篷布時常出現漏洞，我們也不知道該拿這些葉蚤怎麼辦。對我們來說，葉蚤、粉蝨與蚜蟲是農場作物的頭號大敵。這三種害蟲比其他昆蟲更早出現，通常完成第一季播種後就現身農場，不過隨著其他掠食性益蟲開始造訪農場，以這些害蟲爲主食之後，害蟲的數量就在幾季後逐漸減少。除了上述害蟲，我們還要對抗南瓜瓢蟲、長臂天牛、甘藍夜蛾與鳳蝶幼蟲。其他常被誤認爲是害蟲的昆蟲，其實會助我們一臂之力，像是以長臂天牛爲食的螳螂，偶爾會消滅蟋蟀。最受農民歡迎的是寄生蜂，牠的幼蟲會寄生在天蛾的幼蟲身上，將噁心的天蛾幼蟲蠶食鯨吞。每逢天蛾大肆繁殖的季節，我們會寄電郵給整個團隊人員，提醒大家留意這種貪婪的害蟲，並在信末附上兩張照片。其中一張是健康的天蛾幼蟲，告訴工作人員看到這種幼蟲的蹤影就要格殺勿論，另一張則是被寄生蜂幼蟲入侵的天蛾幼蟲，如果看到這種天蛾幼蟲，就要把牠們當成特洛伊木馬放回農地感染其他天蛾，讓寄生蜂幼蟲替我們奪回農地。

布魯克林農場跟其他不噴灑化學藥劑的農場一樣都堅守原則，認爲抵抗害蟲的最佳利器就是健康的土壤。只要土壤保持健康，就能種出健壯的植物，這樣作物就有能力抵禦病蟲害。

若將農場打造成昆蟲掠食者喜愛的環境，鳥類或蝙蝠以獵捕昆蟲維生的動物，就會常到農場飽餐一頓。這樣就算人類不親自出馬，害蟲也會自動消失，同時省下消滅昆蟲的資源。

每天農民都需要以各種顯而易見的形式與大自然打交道，所以我們決定以對生態環境有益的方式種植作物。畢竟，大自然對人類過於激烈的作爲有所反撲時，我們也沒辦法視而不見。除了布魯克林農場，絕大多數的公司同樣面臨抉擇。無論規模多大，實體店家還是網路商店，所有業主都必須決定公司到底是要與大自然和平共處，或是打亂大自然的定律。不過人類在破壞環境時都試圖掩蓋，許多人都不清楚生態環境究竟被破壞到什麼程度，所以多數公司根本無須思考就肆無忌憚地爲所欲爲。他們與大自然作對，但是當大自然向人類反撲時，卻又無須出面承擔負責。或許這些公司對大自然造成的影響，遠在我們能觸及的地區之外，或者對環境造成的負面影響速度緩慢，需要過一段時間才會漸漸浮現。等到傷害造成，我們也難以回溯追究。現在人類才終於體會，過去一、兩個世紀以來面對大自然時的輕率態度，已成爲商業史上最不明智的策略。

良性的生態實踐對地球上的每人都有好處，這個道理淺顯易懂。只要有美好的生存環境，人類就能開心舒適地生活。而且環境也會影響每個企業的營運，假如成衣工廠使用的棉花含有農藥，那麼棉花田附近居民的健康就會出問題，更不用說那些親手採收棉花的農民。要是成衣工廠使用化合染料來處理棉花，再違規將這些染劑排放到水溝與下水道，那麼溪流、海洋的生物就會受到影響，導致海洋生物滅絕。假如工廠的勞工領取過低薪資，或是在危險性極高的環境上班，就會造成貧窮的惡性循環，最後導致饑荒疾病，甚至是戰爭。短期來看，雖然消費者能以較低的價格購買商品，但是之後我們還是要付出代價，就連這些工廠最後也會陷入困境。土地因爲遭到化學藥劑侵蝕而無法種植棉花，貧瘠社區的居民也會被騙上戰場，成衣工廠就會缺乏拿著針線縫補衣物的人力。

是否要改變自己與大自然之間的關係，決定權在每人手上。人類時常搞不懂錯誤使用或是破壞資源，最後受波及的是自己在地球上安身立命的能力。要是對資源更渴求，農場與大自然的關係就會產生更多磨擦，甚至造成競爭拉鋸的局面。身爲農民，我們非常幸運與大自然互動的方式直截了當。布魯克林農場不會羨慕那些每天費心思考，在短期利潤跟長期地球環境之間做選擇的大公司，而且他們的決定還攸關數萬名員工的未來。像我們主張三重基線的企業能夠永續經營，部分原因就是因爲將多餘的金錢投資在對環境友善的農耕方式。只要社區居民發現公司對環境與社群的用心，付

出的資源就會以社群支持的形式回到公司。

如果這樣還無法令你信服，就換個方式：布魯克林農場的工作團隊熱愛工作，不是因爲我們日進斗金。我們根本沒有賺進大把鈔票。我們熱愛工作，是因爲我們喜歡群衆，也沉醉於生態之美，希望能與自然環境互利共生。即使冷酷厭世、害怕大自然的人，也難以抗拒布魯克林農場絕美、療癒的生態環境。

農場的每一天都不同，但還是有些固定程序。早上漫長的採收工作結束後，兩兩一組的農夫會感到心滿意足，終於到了休息時間。幾位工作夥伴會開始張羅午餐，昨天晚上農場剛辦了一場活動，主廚在冰箱裡留一盤烤甜菜根。有人會從蔬果分類台提來半桶被壓到的番茄，還有表皮粗糙、色澤斑駁，沒有賣相的小黃瓜，再加上一大把羅勒葉。這時候大型沙拉銀盤已經擺好，上頭裝著早上剛採收的青菜，遺落在水槽的零星綠葉大概也有一磅重。所有人都用沾滿泥土的手，撕扯餐桌上一疊大型口袋餅，再從保鮮盒中舀取配料沾醬。我們通常會隨意搭配，像是自製辣醬、綠色葉菜，還有剁成塊狀的蔬菜百匯。在這裡，沒人介意用髒兮兮的手吃飯。

用過午餐後，有兩位同事會以尚未播種的田地爲枕，在照不到日光的區域睡午覺。農場的水塔下方，有一台倚著分裝區的立體音響，艾爾頓．伊利斯（Alton Ellis）會跟著播放的歌曲哼著旋律。微風從河岸的方向吹來，拂過我們這些農夫沾滿塵土的臉龐，臉上的汗水與防曬乳被微風一併帶走。這時候才剛過正午，我們已經待在農場六小時了。農場另一端的雞隻一邊用沙子沐浴淨身，一邊享用大餐，吃著爬滿蚜蟲的甘藍菜。抬頭仰望天空，兩隻老鷹優雅地畫著八字盤旋，就像一對雙人溜冰選手。其他人也注意到這對老鷹，並用手指著牠們，要大家注意看。環顧四周，蜜蜂左右盤旋，一會兒降落花朵，一下子又飛到空中，搖搖晃晃像被揍得東倒西歪的拳擊選手。在農場的每個角落，萬物重生殞落，生命川流不息。

後記
打造更健全的商業生態系統

二〇〇九年邁向尾聲時，我們恰好緊鑼密鼓地準備成立布魯克林農場。那是個刺激有趣的一年，社會上充滿令人焦慮不安的事物。那時候，美國人發現完美經濟表象的背後充滿各種不堪與騙局，金融投資界「龐氏騙局」的幕後首腦伯尼・馬多夫（Bernie Madoff）在這時被判刑入獄。比特幣問世之後，大家才發現就算沒有中介機構，經濟市場還是能順利運行。接著發生阿拉伯之春與占領華爾街運動，提醒世人不要忘記群眾的聲音能如此強而有力；網路世界不透露眞實身分的激進駭客，開始對政府強權構成威脅；美國公民選出黑人總統入主白宮。

這是充滿各種潛能的時代，革命的氛圍蠢蠢欲動。所有人都從世局穩定的美夢中醒來，社會的動盪讓大家理解原來自己才是命運的掌舵者。「拆解破壞」這幾個字就像符咒，在社會各個角落傳頌飄散。在這個節奏隨性的跳躍年代，世界各地的年輕人與社運人士抓緊機會主動發聲，希望替下一代譜出新樂章。企業家沒有將舊制度全然推翻，反而是進行從裡到外的大改造。二〇〇九年四月上線的Kickstarter集資公司提供平台，讓創意十足的民眾能動員自己的人際網絡，替籌備中的計畫募集資金。二〇〇九年成立的優步（Uber）公司以及二〇〇八年創立的Airbnb網站，降低專業市場的門檻，讓普羅大衆也能將自己的車子變成計程車，把私人住宅改裝成度假民宿，藉此賺取額外收入。除了網路平台，其他領域也嗅到這股改革創新的時代氛圍，紛紛把握機會跟上潮流。有幾家公司就建造小型房屋，這些迷你住宅的售價相當低廉，讓買不起正規住宅的民衆有機會成爲有殼族。共同工作空間愈來愈受歡迎，創業者經營微型企業時就能省去高昂的辦公室租金。

二〇一四年春季到二〇一五年夏季，當我在撰寫這本書的時候，整個社會氛圍已經與二〇〇九年截然不同。經濟狀況好轉，燃料價格下跌，失業率漸漸下降，革命的聲勢也逐漸平息。雖然社會顯得繁榮富足，不過空氣中還是隱約有一股躁動的氛圍。世界各地種族動亂頻傳，北極冰河崩解，美國甚至冒出一堆荒謬的候選人，準備競選總統帶領美國走向未來。大家都在猜測，不知道未來究竟會如何。

要是社會缺少轉型精神，要是民眾沒有改變觀念，無法分辨哪些事情辦得到或辦不到，布魯克林農場就無法獲得投資者與社群支持，我們這群創辦人也會失去信心。假如布魯克林農場是在今年創立，能像當年那樣順利嗎？要是將情境換到未來，行得通嗎？或許我們剛好在對的時間與對的位置，成立了布魯克林農場。要是我們建議大家辭掉辛苦的工作，跟著內心的聲音迎向充滿未知的未來，這樣恐會誤了讀者的前途。

我們下定決心，無論身處的時代如何變化，都要堅守當時推動這間公司的核心價值。這份核心價值就是立基於三重基線的企業經營原則，就是要在善待環境、關懷社群的同時，能夠持續盈利。除了布魯克林農場，許多公司也遵照這項原則。我們在本書提過的企業，以及在我們創業初期提供協助的朋友，與傳授我們農耕知識的農民，這些人都將三重基線奉爲圭臬。創業初期，我們以爲經營社會企業的原則就只有這三項，但是經過幾年歷練之後發現還有第四項關鍵原則，就是合作關係。

商業世界是一個生態系統，必須依靠彼此的資源才能存活，對布魯克林農場來說，需要產出「眞實」的作物才能餵養他人。除了一般民眾，還要餵養各家餐廳，即使我們平常會去消費的雜貨店，也要仰賴農場提供的蔬果。此外，我們也要扶持以農場爲家的非營利組織，以提供後勤支持的形式，讓他們更有餘裕發揮影響力、改變社會環境。他們也會回饋農場，替農場注入更豐富多元的色彩，改善許多民眾的生活。這些組織在我們建造的框架中，打造出屬於他們的小空間。大城市替農場帶來經濟刺激，農場也能替城市盡一份心力。農場的綠色空間能夠緩解大城市的環境問題，也能讓市民有便利舒適的休憩空間。其實我們都在互相扶持，因爲彼此之間有連結，所以大家都攜手努力。

布魯克林農場之所以能成爲永續經營的企業，關鍵在於我們的合作夥伴都竭盡心力，努力發揮影響力拓展業務，讓我們能在各個領域發光發熱。反之，我們也會回頭幫助這些組織單位，協助他們完成理想。紐約政府的環境保護局提出的綠色基礎建設計畫，是以生態環境的永續發展爲目標；這項計畫關注的另一個焦點，則是降低暴雨的水量對紐約基礎建設帶來的負擔。紐約環境保護局提供布魯克林農場補助金，讓我們在都市住宅計畫的大樓上打造綠色農場，讓樓下負擔不起新鮮、健康蔬食的住戶能自己種植作物。透過這個辦法，我們旗下的三個組織現在能帶來許多社會投資報酬，不僅讓布魯克林農場維持穩健的財務，更能保護環境。比起自己單打獨鬥，團結合作才能發揮更大的影響力。

根據定義，生態系統是指：「某一群生物與其所處的環境產生交互作用，之後會形成一個群體，群體間的每個單一元素都相互關聯，即稱爲生態系統。」生態系中的生物能發揮影響力，改變他們生存的環境。個體之間的連結愈強，群體的影響力愈大。或許明天會掀起一波大改革，讓開明的企業主義成爲最新潮流；又或者社會的步調陷入懶散停滯，小型店家被大企業併購。無論你創業時的政治氛圍爲何，你的公司與個體客戶、企業組織，與整個生態系中的社群連結，就會改變、影響未來的大環境。換句話說，如果你現在懷抱夢想，但卻認爲大家還沒準備好要接受你的理念，就趕快起身，主動改變這個世界。

剛成立布魯克林農場時，很多人說我們瘋了，許多業主也不願意給我們機會。不過這時候有很多朋友、陌生人與組織團體伸出援手，幫助我們達到今天的小小成就。現在布魯克林農場正在跟兩位業主協商，準備租下第三座屋頂。我們在尋找一個能在農場上方安裝太陽能板的地點，這樣就能自給自足，無須依靠外來能源。布魯克林農場的各項業務愈來愈有效率，營收狀況蒸蒸日上，公司也羽翼漸豐。從各方面來看，這代表我們逐漸回歸公司的根基。公司成立初期我們立下許多重要原則，但是爲了維持財務狀況有時必須放下堅持，現在我們慢慢拉回焦點，遵照最初訂下的準則。我們想要重新檢視布魯克林農場，希望日後能成爲主張社會價值的領導企業。當初多虧在地社群的協助，布魯克林農場才能有今天的榮景，現在我們希望能有所回饋。

要是時光往回推幾年，我們肯定沒辦法像現在這樣侃侃而談。當時販賣蔬菜水果就是農場唯一的收入來源，我們不知道這微薄的營收能否繼續走下去。但是五年前的環境跟現在截然不同。現在人們將綠色空間視爲珍貴無價的資產，所以無論規模大小，我們都樂意替公共領域以及私人空間打造綠色空間。現在人們接受布魯克林農場的理念，因此我們常常捫心自問，怎麼樣才能替社會帶來更多貢獻。布魯克林農場剛成立時，我們的目標是要確認是否能順利地在頂樓經營農場。後來發現，如果想要讓自身所處的商業生態系統生生不息，最關鍵的方法就是不斷問自己究竟該如何貢獻心力，也要不斷調整思維，重新詮釋自己對「成功」的定義。所以當作物過了生長季節，植物開始枯萎凋零，我們能喘口氣時會回頭審視過去的成敗。透過不斷自我檢視，我們的努力就可能開出新的枝枒。每逢春天到來，冬日的霜雪退去，我們也已栽下新種子，期待未來長成更穩健、更綠意盎然，真正象徵著永續發展的企業。

謝詞

要不是工作夥伴集思廣益，提供我許多點子，這本書或許無法付梓出版。雖然這本書的作者只寫了我的名字，但是書中的故事與觀點，都是布魯克林農場的工作團隊所共有，而且要不是有你們這些讀者，我也沒辦法將心得寫成文字。葛溫，謝謝你花時間陪我啃貝果、吃塔可餅，一邊與我分享工作經驗。弗蘭納，你願意不斷重複閱讀手稿，陪我說說話，仔細校對書中的細節，實在感激不盡。還有柴斯，謝謝你不斷替我加油打氣，幫忙宣傳這本書，每當我陷入困境，你都會鼎力相助。此外，還要感謝農場的所有工作人員，在我消失的時候擔起所有的工作，當我重新現身時，又溫暖熱情地招呼我。

謝謝崇迪斯特爾和戈德里奇文學管理公司的瑞秋・斯圖特，感謝身爲經紀人的你，始終對這本書抱持信心。謝謝我的編輯，艾佛瑞出版社的布魯克・凱瑞，謝謝你用心對待書中一字一句，並提供精闢的見解，且毫不保留地分享看法。謝謝企鵝出版社的工作團隊：安、卡洛琳、琳賽、梅根還有羅西，沒有你們的努力，其他國家的讀者也沒有機會閱讀此書；還有賈斯汀，謝謝你努力在美國本地推行這本作品。

對於幾位同樣從事農耕的夥伴與綠色屋頂的業主，我同樣萬分感激。謝謝茉莉・庫佛，謝謝你耐心跟我們解釋土壤科學，帶我們認識能維持土壤健康的終極武器。查克・皮肯斯，對於都市農業的發展與侷限，你毫不藏私地提出一針見血的分析，我們一定要讓更多人接觸如此寶貴的見解。謝謝Rooflite公司的喬，謝謝你花時間到我們農場，提供專業的協助，你豐富的經驗與故事，也該寫成一本書！還有即將獲得博士頭銜的原田芳樹，雖然你不是農夫，但是你淵博的知識絕對不輸農業專家。

謝謝前老闆喬・巴斯提許，跟在你身邊的那三年，我默默觀察你工作時的專業態度以及作業流程，從你那邊學來的知識與技術至今仍令我受用無窮。謝謝你在我準備要獨立自主、展翅高飛時，提供的支持與協助。

艾力克斯，身爲室友的你實在對我很有耐心，你也是全世界最棒的好姊妹，謝謝你讓我知道，原來「冒牌者症候群」沒什麼大不了的，幫助我重拾信心、不再懷疑自己。亞倫，謝謝你在深夜的時候到屋頂陪我腦力激盪。謝謝爸爸、媽媽，你們讓我知道何謂眞正的食物，並教導我如何發揮食材的特色。最後，謝謝尼爾，謝謝你在我忙得焦頭爛額的時候會確保我沒有餓著肚子，你不僅是最親愛的另一半，也是無可取代的好夥伴。

Earth ⑯

我在紐約當農夫：全球最大的屋頂農場如何創造獲利模式，改變在地飲食

The Farm on the Roof: What Brooklyn Grange Taught Us About Entrepreneurship, Community, and Growing a Sustainable Business

作　　者—安娜斯塔西亞・普拉基斯（Anastasia Cole-Plakias）
譯　　者—甘錫安、溫澤元
副 主 編—陳怡慈
編　　輯—張啟淵
企　　劃—林進韋
美術設計—萬勝安
董 事 長
發 行 人—趙政岷
總 編 輯—余宜芳
出 版 者—時報文化出版企業股份有限公司
10803台北市和平西路三段二四〇號四樓
發行專線—（〇二）二三〇六六八四二
讀者服務專線—〇八〇〇二三一七〇五（〇二）二三〇四七一〇三
讀者服務傳真—（〇二）二三〇四六八五八
郵撥—一九三四四七二四時報文化出版公司
信箱—台北郵政七九～九九信箱
時報悅讀網—http://www.readingtimes.com.tw
法律顧問—理律法律事務所　陳長文律師、李念祖律師
印　　刷—勁達印刷有限公司
初版一刷—二〇一七年四月二十一日
定　　價—新台幣三三〇元
（缺頁或破損的書，請寄回更換）

時報文化出版公司成立於一九七五年，
並於一九九九年股票上櫃公開發行，於二〇〇八年脫離中時集團非屬旺中，
以「尊重智慧與創意的文化事業」為信念。

國家圖書館出版品預行編目資料

我在紐約當農夫：全球最大的屋頂農場如何創造獲利模式，改變在地飲食 / 安娜斯塔西亞．普拉基斯(Anastasia Cole-Plakias)著；甘錫安，溫澤元譯. -- 初版. -- 臺北市：時報文化, 2017.04
面；　公分. -- (Earth；16)

譯自：The farm on the roof : what Brooklyn Grange taught us about entrepreneurship, community, and growing a sustainable business

ISBN 978-957-13-6970-9(平裝)

1.農場管理　2.創業　3.美國

431.22　　106004189

ISBN 978-957-13-6970-9
Printed in Taiwan